王世襄集

王世襄
赵传集 编著

明代鸽经
清宫鸽谱

生活·讀書·新知 三联书店

出版说明

2009 年 11 月 28 日，王世襄先生在北京去世，享年 95 岁。随着王先生的辞世，他的研究及学问，即将成为真正的绝学。为使这些代表中国传统文化的绝学散发出璀璨的光芒，为后人所继承、发展，生活·读书·新知三联书店特推出《王世襄集》，力图全面、系统地展现王氏绝学。

王世襄，号畅安，汉族，祖籍福建福州，1914 年 5 月 25 日生于北京。学者、文物鉴赏家。1938 年获燕京大学文学院学士学位，1941 年获硕士学位。1943 年在四川李庄任中国营造学社助理研究员。1945 年 10 月任南京教育部清理战时文物损失委员会平津区助理代表，在北京、天津追还战时被劫夺的文物。1948 年 5 月由故宫博物院指派，接受洛克菲勒基金会奖金，赴美国、加拿大考察博物馆。1949 年 8 月先后在故宫博物院任古物馆科长及陈列部主任。1953 年 6 月在民族音乐研究所任副研究员。1961 年在中央工艺美术学院讲授《中国家具风格史》。1962 年 10 月任文物博物馆研究所、文物保护科学技术研究所副研究员。1980 年，任文化部文物局古文献研究室研究员。1986 年被国家文物局聘为国家文物鉴定委员会委员。2003 年 12 月 3 日，荷兰王子约翰·佛利苏专程到北京为 89 岁高龄的王世襄先生颁发"克劳斯亲王奖最高荣誉奖"，其中一个重要的原因就是他对明式家具的研究，奠定了该学科的基础，把明式家具推向了至高无上的地位。

王世襄先生学识渊博，对文物研究与鉴定有精深的造诣。他的研究范围广泛，涉及书画、家具、髹漆、竹刻、民间游艺、音乐等多方面。他的研究见解独到、深刻，研究成果惠及海内外。《王世襄集》收入包括《明式家具研究》《髹饰录解说》、《中国古代漆器》、《竹刻艺术》、《说葫芦》、《明代鸽经　清宫鸽谱》、《蟋蟀谱集成》、《中国画论研究》、《锦灰堆：王世襄自选集》（合编本）、《自珍集：俪松居长物志》共十部作品，堪称其各方面研究的代表之作，集中展现了王世襄先生的学问与人生。

其中，《蟋蟀谱集成》初版时为影印，保留了古籍的原貌，但于今日读者阅读或有些许不便。此次收入文集，依王先生之断句，加以现代标点，以利于读者阅读。《竹刻艺术》增补了王先生关于竹刻的文章若干，力图全面展现王先生在竹刻领域的成果和心得。"锦灰堆"系列出版以来，广受读者喜爱，已成为王世襄先生绝学的集大成者；因是不同年代所编，内容杂糅，此次收入《王世襄集》，重新按门类编排，辑为四卷，仍以《锦灰堆：王世襄自选集》为名。启功先生曾言，王世襄先生的每部作品，"一页页，一行行，一字字，无一不是中华民族文化的注脚"。其中风雅，细细品究，当得片刻清娱；其中岁月，慢慢琢磨，读者更可有所会心。

《王世襄集》的编辑工作始于王世襄先生辞世之时。工作历经三载，得到了许多喜爱王世襄先生以及王氏绝学人士的支持和帮助，也得到了王世襄家人的大力协助，并获得国家出版基金的资助，在此谨表真诚谢意。期待《王世襄集》的出版，能将这些代表中华文化并被称为"绝学"的学问保存下来，传承下去。

生活·讀書·新知 三联书店 编辑部

2013 年 6 月

总　目

商玉鸽　殷墟妇好墓出土

序

1924年，襄十岁，始养鸽。1928年于非厂先生《都门豢鸽记》❶问世，日手一册，读之不辍。稍长，曾以非厂先生画花鸟而未精绘鸽谱，实为憾事。进修研究院，见张万钟《鸽经》于《檀几丛书》，以为古可证今，今可溯古，得笔之于书也。旋以南行而未果。年届八旬，始先后获观故宫博物院所藏清宫鸽谱四种。彩笔写真，出名家之手，绘制年代，历康、雍至同、光，共二百二十四幅，其侧标有鸽名者一百八十四幅。古今中外，绝无仅有，不禁为之狂喜。于是萌经、谱、于记三者一而贯之之想，时萦吾怀，乃至不可终日。

同声相应，同气相求，忽蒙友好相告，山东省农业科学院研究员赵传集先生早在十余年前已撰文考证张万钟事略并注释、今译《鸽经》，分别刊载于1986年3月上海《中华信鸽》杂志及1986—1987年成都《鸽友》杂志。驰书求示所作，不仅注译详审，且有《中国养鸽史》《张万钟生平考》两文，真可谓先得我心。因而献议曷不《鸽经》在前，《鸽谱》居后，两人分别撰述，合成一函。承蒙欣然概允，并重新修订注译旧稿。

襄虽老眼昏眊，亦尽数月之力，草成《鸽谱叙录》《鸽谱图说》两篇。此后影印《鸽谱》彩图，以拙作《鸽话》为殿。

译经说谱，固出于平生爱鸽，未能忘情，实亦有所感而作。每日之始，中央电视台东方时空晨曲，有白色鸽，穿长城券门飞来。及近，乃一长嘴西洋食用鸽，即所谓大王鸽，又名落地王。以传统观赏鸽衡之，实丑陋不堪入目。又常见倩女手握白鸽，曼声长歌，一阕将终，纵鸽飞去。此鸽仍是食用落地王。当今各大城市，竞养广场鸽，已成为新兴事物，电视亦时有报道。大众借得接近自然，其意至善。惜所见非一色白色食用鸽，即食用鸽与灰色野鸽混杂成群。我国貌美色妍、品质高雅之观赏鸽何以竟不得跻身于电视屏幕，实大惑不解。岂全不知我国有绝佳之观赏鸽耶？或知之、见之而以为无足轻重耶？抑知之重之而不知何以求之耶？我国观赏鸽处处遭西洋食用鸽僭越，甚感不平，且伤我自尊心。国家社会迭经动乱变革，亦危及传统观赏鸽。努力抢救，尚有可为。采取各种措施，使世界尽知我国有悠久卓越鸽文化❷，实为当务之急。此所以

❶ 于照（1888—1959），当代著名工笔重彩花鸟画家。笔名非闇、非厂。北京人，满族。著有《都门豢鸽记》，署名"于照非厂"，1928年北京晨报出版部出版。

❷ 1976年殷墟妇好墓出土的玉雕鸽，是三千三百年前制成的精美艺术品。证明我国鸽文化起源久远，世罕其匹。

I

有本书之作也。

鸽谱乃名家奉召之作，精心描绘，惟妙惟肖，写形传神，叹为观止。诸如行止饮啄，翻滚飞翔，舒翅拳足，剔爪梳翎，亦闲亦适，相昵相亲；更佐以园花径草，磐石清泉，新篁解箨，老树垂柯，可谓百态纷呈，无景不备。此诚写翎毛之范本，学画鸽之津梁。一旦印行，定为艺苑所珍，不只是研究鸽文化之要籍。

1997 年 9 月畅安王世襄于芳草地西巷
时年八十有三

凡　例

（一）《明代鸽经　清宫鸽谱》实为两书。前者由赵传集注释今译，后者由王世襄撰写《鸽谱叙录》及《鸽谱图说》。内容则力求前后贯通，相互诠解。如《鸽经》某条款述及之鸽，《鸽谱图说》中之彩图有可作为该鸽插图者，则在该条款的"今译"之后注明：见《鸽谱图说》彩图某某号。如彩图与该条款述及之鸽未必全同，但可供参考，则注明：参看《鸽谱图说》彩图某某号。《鸽谱图说》则在评述鸽谱所绘某些品种之前，征引《鸽经》有关条款，上溯其历史渊源。

（二）《鸽经》所据为康熙间刊《檀几丛书》二集本。条款之上加编号，以便征引或检核。《图说》所用彩图为清宫旧藏鸽谱甲、丙、丁三种，共计一百八十幅。为了便于论述，打破各谱界限，另行统编图号。例如：图119合璧（甲51），"图119"为统编图号，"合璧"为鸽谱原题鸽名，"（甲51）"乃其原编号，即甲谱第五十一图。

（三）鸽谱第四种（丁谱）未题鸽名，只得据其品种花色，按照北京通用名称代为补题，用方括号 [ ] 括出，表示系作者所加。

（四）为了表明我国自古至今有培育观赏鸽的优良传统，《鸽谱图说》尽量引用近人于照《都门豢鸽记》（民国十七年晨报出版部铅印本）中有关花色品种的言论。作者所知而为于氏所未及者，亦为补入。

（五）鸽谱第二种乙谱四十四幅，均摹自甲谱。制成黑白图，附甲谱原图之侧，聊供参考。

（六）《檀几丛书》本《鸽经》偶有文字讹舛、句读误置处，特影印全书附后，备读者查阅勘校。清代文献有关张万钟及《鸽经》者，有宋琬《张扣之诔》、蒲松龄《聊斋志异·鸽异》两篇，亦收入附录。

明代鴿經

明扣之張萬鐘撰

趙傳集注釋今譯

王世襄題

西周玉鸽　三门峡上村岭虢国墓地出土

明代鸽经目录

中国养鸽史与《鸽经》

世界上具有古老传统的国家，对性情温顺、形象优美的鸽子，几乎都有较早的神话传说或文献记载。中华民族是世界文明古国之一，自然也不例外。至于写成内容丰富、规模斐然的专著，可能以中国为最早。

我国最早有关鸽子的文献记录，始见于五经中的《礼记》。如《周礼注疏》卷四载："庖人掌共六畜、六兽、六禽。"郑司农注："六禽：雁、鹑、鷃、雉、鸠、鸽。"说明我国在西周时期帝王之家已经用鸽子、斑鸠作为美味。虽尚未发现更早的文字记载，但在公元前数千年鸽子已作为饲养的家禽之一，且已与斑鸠区分开来。另从考古发掘的古代陶器中，也已发现家鸽在住宅墙上筑巢的庭院模型。

秦汉时期，据《畿辅通志》载："勃鸽井在真定府临城县（今石家庄市南）西北二十里。碑记云：'项羽引兵追汉高祖，避井中。有双鸽集井上，追兵不疑，因得免。'"追兵未加搜索，刘邦得免于难。后人刻石立碑，纪念此事。

近年有些鸽书推测汉张骞通西域、班超征西域曾用鸽传书，惜无历史文献可证。惟利用飞禽候鸟传书、在《汉书》中却有一例可供参酌。据《苏武传》载："苏武于天汉初以中郎将使匈奴，单于欲降之，武不屈，乃幽武置大窖中。……又徙北海上无人处使牧羝……留匈奴凡十九岁。昭帝时匈奴与汉和亲，汉求武等，匈奴诡言武死。常惠教使者谓单于。言天子射上林中，得雁，足有系帛书。言武等在某泽中，使者如惠言让单于，单于惊谢，武乃得还。拜典属国。宣帝立，赐爵关内侯。"故事真伪难考，但说明公元前已有人想到利用候鸟传书于数千里之外，也可算是比较古老的文献记载。

既然汉代已有鸿雁传书之说，则利用善飞的鸽子通信传书，便成为必然的发展。例如《开元天宝遗事》记唐名臣张九龄养鸽、并利用它与亲朋好友传送书信。从此鸽子通信遂被称为"飞奴传书"，广为流传，同时也成为我国饲养传书鸽的较早文献。

另据《宋书·符瑞志》载："晋武帝泰始二年，白鸽见酒泉延寿，延寿长王音以献。"及至南宋高宗，因大量养鸽，竟忘了被俘的父兄徽钦二宗，而遭到太学诸生题诗讥讽。《北齐书·李绘传》载："北齐李绘，字敬之，河间太守。崔湛持其弟遄势，从绘乞麋角鸽羽。"说明鸽子佳种已成为珍禽，得到权贵们的重视。

又据《南史·侯景传》："景围建邺，援军中外断绝，城中围逼久，军士煮弩、熏鼠、捕雀食之。殿堂旧多鸽群聚，至是歼焉。"又据《宋史》："庆历中，夏元昊寇渭川，环庆副总管任福，率都监出六盘山下，与夏军遇，势不可留。都监于道旁，得数泥银盒，中有动摇声，不敢发。福至发之，乃悬哨家鸽百余自中起，盘桓军上，于是夏兵四合。"任福在夏兵四合围困中战死。另据《齐东野语》载宋代曲端利用通信鸽调兵遣将的故事："魏公尝按视端军，执挝以军礼见，寂无一人。公异之。谓欲点视，端以所部五军籍进，公命点其一部，于廷间开笼纵一鸽以往，而所点之军随至。张为愕然。既而欲尽观，于是悉纵五鸽，则五军顷刻面集，戈甲焕灿，旗帜精明。"由此可知利用通信鸽于军事征战，并悬哨于鸽尾，至迟在宋代已有确切文献记载。此外《鸽经》记载尚多，毋庸赘叙。综上所述，可知唐宋以后，鸽子已被广泛用于军事、航海通讯、私人书信往来。饲养名贵新种供观赏玩乐，上自帝王将相，下至达官商贾、文人雅士、百姓人家，亦成风尚。

迨至晚明出现了张万钟，号扣之，山东邹平人，撰有著名的《鸽经》。书中对我国家鸽的品种花色，饲养技术，作了详细描述，对鸽子的历史典故、诗词歌赋进行广泛搜集。此书不仅填补了中国缺少禽鸟专著的空白，且为研究中国养鸽史提供了丰富而翔实的资料。

进入近代历史时期，随着国内商业发展，以及海外的频繁交往，又引进了许多欧美观赏鸽、通信鸽、肉食鸽新品种，益加丰富了中国的鸽种资源。必须指出，中国养鸽事业的发展，并非一帆风顺。除去历代战争的破坏使养鸽遭到厄运，日军发动侵华战争，受害尤甚。当时日本通讯工具尚未具备现代化水平，故携带大量军用通讯鸽，利用可移动的汽车鸽房进行通讯联络。所到之处，因恐中国军队也利用鸽子传播信息，故将中国鸽子灭尽杀绝。更因当时民众将家鸽视为偷粮队，也大量扑杀。从而使国内鸽资源遭受严重损失。往日城乡随处可见的群鸽纷飞现象，已不复存在。"二战"期间援华美军曾在我国西南地区建立信鸽基地，此后又进入中国沿海港口城市。日寇投降，美军撤退，所遗信鸽对我国鸽资源始有所补充。

随着历史的发展，人们越来越认识到养鸽有许多用途。故不惜费力劳心进行调查研究，搜求异种，培育新种，选优去劣，提高其利用价值。凡是爱鸽者，只要见到一个新品种，总是爱不释手。且往往对国内外究竟有多少品种、产于何地、从何处传来等问题产生兴趣。现据所知，略述如下。

据近代生物遗传学家达尔文（Darwin，CH. R.，1809—1882）在《物种起源》、《动物和植物家养下的变异》两书中指出，欧洲鸽子是由岩鸽驯化而来。中国鸟类学家郑作新也认为我国的野鸽即原鸽（Columba livia）是家鸽的祖先，多栖息于岩石峭壁之上。另有一种岩鸽（Columba rupestris）分布在我国北方和西北高原广大地区，也能和家鸽杂交。证明我国也是鸽子原产地之一。这些研究说明鸽子的原产地是多元的这一事实。

鸽子品种究竟有多少，世界各国研究家因受条件限制，迄无定论。达尔文在研究中写到法国包依塔（M. M. Boitard）和考尔比（Corbie）在1873年就对一百二十二个鸽种作过描述。达尔文据当时收集到的材料，估计这个数字有些保守，认为不会少于一百五十种。此外他还引证波那帕特亲王（Prince C. L. Bonaparte）1885年在巴黎出版的《鸽目管窥》（Coup doeil Sur lorde des Pigeons）一书，列举在八十五个属中，有二百八十八个物种。达尔文据此资料及所收标本，以及英国博物馆收藏的鸠鸽科标本，将鸽子分为四个种群，十一个族，二十四个亚族。这一分类法至今仍为世界各国研究者所引用。

关于目前全世界鸽子品种究竟有多少，各国百科全书说法不一。美国1981年出版的《国际大百科》认为全世界的鸽子大约有二百九十多种。同年出版的《美国大百科全书》和日本出版的《世界大百科事典》认为约三百种。1978年日本出版的《万事有百科大事典》则认为属于鸠鸽科的鸟类多达五百五十种。但对纯鸽属的鸽子种数则无数字说明。1972年日本出版的《动物大世界百科》则认为世界上的鸽子可分为五个种群、二百五十多种。由此看来，世界各国至今还没有一个国家或研究者将世界上的鸽子品种搜集齐全，并提出一个精确可靠的数字。只能说明世界各大洲都有野生鸽和驯养鸽而已。

尽管世界上许多百科全书统计了鸽子的品种数量，但都没有对中国鸽子品种加以叙述。有之当以奈什尔于1780年写成的《鸽书》为最早。但他也只提到中国枭鸽（Chinese owl），或称髯嘴枭鸽（Whiskered owl）一种。达尔文也仅收集到中国鸽种中的几个灰色传书鸽。由此可见，世界各国对中国鸽种及养鸽史直到18、19世纪仍所知甚微。

事实证明，我国早在17世纪上半叶，即万历后期，已有人研究鸽子的天性形态，饲养方法并对花色名称，详加描述。此外还汇集历代文献典故，歌赋诗词，撰写成我国第一部专著，也就是《鸽经》。

《鸽经》不仅在我国，在世界上也是最早的养鸽专著。从列入观赏、放飞、翻跳三大类的鸽名来看，当时已有四五十种之多。如果加上不同羽色，数量将达百余种。

《鸽经》流传至今，越来越得到人们的重视。除了对我们祖先的科学研究、学术成果感到骄傲外，更由于近年来对鸟类研究、信鸽通讯、观赏鸽饲养等科学技术有显著进步，迅猛发展，从而激发起广大人民的无比热情。尽管当今养鸽学已经大大超过了张万钟的时代，《鸽经》仍闪烁着它的灿烂光辉。我们如果立足于丰富的已有鸽种资源，并引进世界各国良种及先进的饲养技术，一定会培养出更加美丽的品种，训练出更好的远翔信鸽，为发展我国的养鸽事业作出贡献。

张万钟生平及《鸽经》成书年代

中国养鸽历史悠久，但留传下来的著述却极为稀少。遍查早期古籍目录，有关畜禽著述，有马经、牛经、驼经、猪经、羊经、鸡经、鸭经、鹅经、禽经、蚕经、鱼经，惟独没有鸽经。这个重要空白是经明代的张万钟填补的。

最早讲到《鸽经》并采用其中内容写入文章的是康熙时期的蒲松龄，有《聊斋志异》中的《鸽异》一文为证。可惜他没有言及《鸽经》的作者及年代。

《鸽经》虽有刊本、抄本传世，成为爱鸽者的珍贵读物，但大都只知作者为山东邹平人张万钟，对其生平及成书年代鲜有知者。更因《鸽经》的首次刊刻已在朱明亡国半个世纪之后，故往往误以为他是清代人。

《鸽经》最早收入康熙三十四年武林王晫、天都张潮所辑的《檀几丛书》二集·第五帙。嘉庆九年新安汪氏重刊《檀几丛书》，《鸽经》有了再版本。此后还有新篁馆单行本，刊者及年代待考。雕板虽精，传世甚少。《檀几丛书》因卷帙繁浩，非一般读者所能有，《鸽经》也就成为罕见之书了。

《鸽经》收入清人所编丛书，但作者张万钟实为晚明时人。许多读者将《鸽经》误认为是清代人的著作。为了澄清事实真相，笔者对《鸽经》的作者生平及成书年代作如下的考证。

张万钟，字扣之。康熙三十五年修《邹平县志·卷十五·人物考·传略篇》载：张万钟之父张延登，字济美，号华东。明万历二十年（1592）进士；选内黄县知县，后补上蔡县知县，擢至吏科给谏，屡官工部尚书，左右御史，后任太子少保两京都察院掌院御史，诰授资政大夫。长兄张万程，因考举落榜，于三十二岁抑郁病卒。次兄张万选，曾任刑部郎中。以上是张万钟的家庭情况。他虽聪明英敏，未中进士，也未中举，只考取了一名贡生。然而他博览群书，搜集文献资料，走遍燕京、金陵、大江南北，为饲养名鸽、鉴别名贵品种，作出了卓越的贡献。惟他考绩欠佳，官运不通，未能成为明王朝的达官贵人。时届明代衰亡，他参与了抗御清兵入关侵扰，及南下抗清。明亡后，爱国行为成了叛逆活动。故其生卒年月、死亡原因等，在康熙年间所修县志中无详细记载。在两朝交替，清廷大兴文字狱，到处镇压反清复明活动时期，修志人员对张万钟的英勇事绩不敢秉笔直书，完全可以理解。难能可贵的是县志还是简略记载了张万钟的一些光辉事绩。

《邹平县志》有关张万钟的记载有三处。其一，《人物考·传略》称："张万钟，字扣之，贡生。英敏有干济才，能任事。崇祯十一年（1638），县受兵，时忠定公延登（张万钟之父）适居家，万钟从父守城，兵不力攻，遽去。辰午年（1642）冬，忠定已殁，万钟料邹平必再受兵，求援于乡人邱将军磊。时磊官辽东副将，即遣守备率辽丁二十人来。十二月朔，步兵来攻，以城人力守不得入，径去。次日，甲骑兵三千，步兵五六百人，拥云梯而至。梯附城，肉搏便登，捷如风雨。人预缚长杉歧其首，又梯并力推之，使翻跌濠中。攻者怒，戴栖穴城、或张牛革幕帐，人伏其中，拥近城，便施椎凿，矢石不能制。城人卷柴席，杂硝硫燃火推下烧之。血战方亟，守备张君睹南门有坐交床执旗指挥者，曰：余识其人亦裨帅，可惊而走也。亟发炮碎其交床，其人愕，遽上马驰去，攻者亦去。是役也，城守全局，实万钟操持之。因烧攻具连城屋，自燃死者三十六人，辽丁五人，伤者九十六人，皆以公资恤之。"

这段县志记载崇祯亡国前夕，各地农民暴动，全国混乱。加之清兵在大举入关前，已派遣小股部队插入内地骚扰，攻城占镇，抢劫烧杀，甚至逼近京畿各地，河北、山东北部深受其害，《明史》亦有记载。值得注意的是县志始终未点明是内乱攻城，还是外寇攻城，而只言受兵。"甲骑兵三千，步兵五六百"显然非乌合之众。且攻城云梯椎凿并施，具较大规模。这显然是有意不言清兵入侵，免招罪祸。

查《明史·本纪·庄烈帝篇》卷二十四载："崇祯十一年戊辰，大清兵克高阳。崇祯十五年，十一月壬寅，大清兵南下，畿南郡邑多不守。"又王士祯《池北偶谈》亦言清军早期入关，先后兵扰山东邹平。可知张万钟初次随父守城是抗御清兵入关流窜骚扰。第二次清兵攻城，他已事先求到援兵，采用了有效的防御措施，并机智地炮击敌军指挥者，终得化险为夷。说明他不仅有强烈的爱国主义思想，而且具备出色的军事才能。所以县志称赞他"英敏有干济才，能任事"。

其二。《选举表》载："……时其兄张万程已殁，夫人于氏居南京………当是国变，万钟举家族南就于夫人。福王立国，授万钟镇江推官。会淮徐兵乱，扰及镇江，万钟携二仆往，一语平之。九月卒。其事当在甲申年。五月厝君于帝城之西，事当在乙酉年也。王师定江南……万钟眷属亦归焉。并移帝城西之厝，返葬故乡焉。"据上面记载，张万钟于崇祯亡国前，举家南迁金陵。亡国后，福王在南京建立南明政权，他再次参加抵抗清兵大举南下活动，并接受福王授予的镇江府推官职务。张万钟正是在社稷存亡之际，保家卫国，出任军职推官终以身殉国的。

张万钟于甲申年（1644）九月逝世，志书仅寥寥数字，一笔带过，故死因不详。甲申是崇祯亡国之年，也是李自成进京称帝的永昌元年和清王朝的顺治元年。是年爱新觉罗福临大举南下，统一

当代鸽经

张万钟生平及《鸽经》成书年代

全国。福王朱由崧逃往南京，建立南明，改元弘光。在这国破家亡、战火纷飞的年代，张万钟出任推官，继续奋力抗清。据宋琬《张扣之诔》："六月歊蒸，日中踘鞋，职是忧劳，遂歌薤露"，可知他是在酷日下，天气炎热潮蒸，穿着长到脚面的皮革军衣，由于抗敌过分劳累，中暑而死的。志书又一次为了避免招祸，讳言事实真相。总之，张万钟生于明而死于明，是一位爱国的明朝忠臣。

其三。《邹平县志》讲到张万钟的家庭成员。他的长兄"张万程八岁入小学，十六补诸生……四科至戊午年（万历四十六年、1618年），再弋不获，以抑郁病卒，年三十有二。"次兄张万选，天启元年已出仕京官刑部郎中，生卒年月不见记载。据此得知张万程生于万历十六年（1588），而张万钟大约生在1592年前后。故其生卒年代可能为1592？—1644年，享年不过五十左右。

张万钟的时代和生平已知梗概，那么他撰写《鸽经》是在什么时候呢？不言而喻，要写一本《鸽经》那样的传世之作，除了曾长期养鸽，深谙其性，并注意有关文献，广泛搜集外，更重要的是必须具备优越的物质条件和经济基础。从作者的一生来看，只有在他父亲任职两京，家境兴盛，生活安逸的年代，才有可能搜求到大量的佳鸽珍禽，笔之于书。同时可以肯定用了较长岁月，不是三年两载就能完成的。

如上所述，我们有理由认为《鸽经》的成书年代，是在万历末到崇祯初，亦即张万钟三十至四十岁的一段时间。很难设想他在父亲告老还乡后，战乱四起，清兵不断入侵的恶劣环境下，还有闲情逸致去研究记录鸽种，写出"有若柳絮随风，流萤点翠"、"美女摇肩，王孙舞袖"、"闲庭芳砌，钩帘独坐，玩其妩媚，不减丽人"等美妙词句。

在张万钟之前，不仅我国无养鸽专著，从世界范围来看，《鸽经》也是时代最早、内容最丰富的一种。它系统地挖掘整理了中国的养鸽文化，详细描绘了中国鸽种，论述了饲养技术。直到今天，《鸽经》仍有极重要的人文、科学价值，值得我们骄傲自豪！

鴿經

武林　王晫　丹麓
天都　張潮　山來　同輯

鄒平張萬鍾扣之著

論鴿

性

鴿屬鳥鳩屬其頸若瘻不雜交每孕必二卵伏十

有八日而化埤雅云鴿喜合凡鳥雄乘雌惟此鳥雌

乘雄

《鸽经》影印本

《鸽经》注释　今译

论鸽

传集按：此为《鸽经》第一章，即总论。

【性】鸽，阳鸟❶，鸠属❷。其颈若瘿❸，不杂交。每孕必二卵，伏十有八日而化。《埤雅》❹云：鸽喜合❺。凡鸟雄乘雌，惟此鸟雌乘雄❻。

注释：

❶ 阳鸟：《尔雅·释鸟》、《书·禹贡》称鸿雁之属为阳鸟，恐不合作者本意。此处似可理解为鸽乃在阳光下活动的禽鸟。

❷ 鸠属：按现代动物学分类，鸠与鸽同在鸠鸽目、鸠鸽科。而进一步分类，则将鸠与鸽分开，成为"鸠属"与"鸽属"两个不同的属，比古人分类更精确合理。

❸ 瘿：即生在脖子上的一种瘤子。这里用瘿来形容鸽子鸣叫时颈嗉膨胀的形状。

❹ 《埤雅》：宋陆佃撰。二十卷，分释鱼、释兽、释鸟等八类，是一部解释名物的书，往往略于形状而详于名义，且有穿凿附会之处。

❺ 鸽喜合：谓鸽子天性喜欢交配。《本草纲目》卷四十八："鸽性淫而易合，故名"，与此意相同。

❻ 凡鸟雄乘雌，惟此鸟雌乘雄：是说鸟类交配都是雄在上，雌在下，惟独鸽子与此相反，雌在上，雄在下。按此说不可信，在正常情况下，鸽子交配仍是雄在雌上。只有雌鸽求偶欲超过雄鸽时，或幼鸽嬉戏时偶然出现雌雄颠倒现象。

今译：〔鸽子的本性〕鸽为"阳鸟"，即在白昼活动的鸟，属于鸠类。脖子鼓胀起来时像长了瘿瘤似的，显得很大。雌雄成对，不杂交。每次产卵两枚，孵化十八天成雏。《埤雅》称：鸽子喜欢交配。鸟类交配都是雄在上，雌在下，惟独鸽子雌在上，雄在下。

【德】五伦❶之中，以鸳鸯配夫妇，谓其交颈❷有别，守节不乱也。鸽雌雄不离，飞鸣相依，有唱随之意焉，观之兴人钟鼓琴瑟之想。凡家有不肥❸之叹者，当养斯禽。

注释：
❶ 五伦：又称五常。在封建宗法社会，以君臣、父子、夫妇、兄弟、朋友五种关系为五伦。

❷ 交颈：这里用雌雄两鸟交颈相

依比喻夫妇的亲爱和美。典出《庄子·马蹄》："喜则交颈相靡。"魏明帝《猛虎行》："上有双栖鸟，交颈鸣相和。"

❸ 不肥：《礼记·礼运》："父子笃，兄弟睦，夫妇和，家之肥也。""不肥"即指家庭不和睦的意思。

今译：〔鸽子的美德〕人们用鸳鸯来比喻五伦中的夫妇，因为它有固定的配偶，交颈相依，忠贞不渝，守节不乱。鸽子也是雌雄不离，飞鸣相依，大有夫唱妇随的意思。看了它，引起人产生夫妇之间应如钟鼓琴瑟那样协调和谐的想法。凡是家庭关系有不和睦之憾的，应当养些鸽子。

〔种类〕鸽之种类最繁，总分：花色、飞放、翻跳三品。若曲槛雕栏，碧桐修竹之下，玩其文彩，赏其风韵，去人机械之怀，动人隐逸之兴，莫若花色。如楼角桥头，斜阳夕月之下，看六翮❶之冲霄，听悬哨之清籁❷，起天涯莼羹鲈脍❸之思，动空闺锦衾角枕之叹，莫若飞放。至于翻跳小技，止宜妇人女子女红❹之暇，一博嬉笑，未可与二者比也。

注释：
❶ 六翮：指鸟类双翅中的正羽。《战国策·楚策四》："奋其六翮而凌清风，飘摇乎高翔。"《韩诗外传》："鸿鹄一举千里，所恃者六翮耳。"

❷ 清籁：古代一种管乐器曰

"籁"；也被用作天然的、人为的各种音响的统称，故有"天籁"、"地籁"、"人籁"、"万籁俱寂"等说。此处指鸽哨发出的清亮音响。

❸ 莼羹鲈脍：晋张翰，吴人。

官洛久，见秋风起，乃思吴中莼羹鲈脍，遂返乡。见《晋书·张翰传》。

❹ 女红：亦作"女工"、"女功"，包括纺织、刺绣、缝纫等等。此处指家庭妇女的针线活儿。

今译：〔鸽子的品种〕鸽子的种类很多，概括起来可分为花色、飞放、翻跳三大类。人们如果是在曲槛雕栏之旁，碧桐修竹之下，借欣赏鸽子的文彩与风韵来消除世俗的机心，启发幽逸的兴致，没有比观看花色类鸽子更为适宜的了。如果是在楼角桥头，斜阳月下，看强劲的翅膀冲破霄汉，听悠扬的哨音响彻天空，不禁引起远方游子思乡之情，空闺怨妇怀人之叹，没有比飞放类鸽子更能传书的了。至于翻跳类，所表演的乃属小技，只能在妇人女子做针线活之余供博欢笑而已，是无法和前两类相提并论的。

〔羽色〕五色各分为质，五色相间为文。聚如绣锦，散如落花，各合所宜，方称佳品。如尖不宜蓝，鹤袖❶不宜土合❷，腋蝶不宜青花，狗眼不宜瓦灰斑❸点之类。

注释：
❶ 鹤袖：即鹤秀，见条28。"袖""秀"同音，故同一品种出现不同写法。

❷ 土合：即现在所谓的"红绛"或"红酱"。山东邹平及渤海湾各县方言称火红色或褐

色为"土火色"或"土合色"，故本书写成"土合"。

❸ 斑：《檀几丛书》本误作"班"。

今译：〔鸽子的羽色〕鸽子的五色都各自可以成为它的通身底色，各色相间便形成鸽子的花纹。颜色聚在一起时宛如绚丽的锦绣，分散开来时又若缤纷的落花。总之各方面都要配合得当，才称得上是优良的品种。例如"尖"就不宜是蓝色的，"鹤秀"就不宜是土合色的，"腋蝶"就不宜是青花色的，"狗眼"就不宜是瓦灰斑点色的。

传集按：上面所举"不宜"四例，可能与时代好尚乃至个人爱好有关。现在土合色鹤秀（即红绛色鹤秀）和狗眼瓦灰或狗眼斑点瓦灰，只要头嘴、眼睛长得好，均为名贵品种，怎能说它"不宜"？又如条24尖，四色之中就有"蓝、豆眼、银嘴一种"，显然是合格的花色。严格说来，《鸽经》间有自相矛盾或解说欠妥之处。

[飞] 花色论致，飞放论骨。有若柳絮随风，流萤点翠，蹁跹时匝芳树，窈窕忽上回栏。有如孤鹜横空，落霞飘彩。或来如奔马，去若流星。至翻跳之宜，则均斯二者。

今译： 〔鸽子的飞翔〕以花色见长的观赏鸽，讲求的是它的姿容标致美丽。用以传书的飞放鸽，讲求的是它的体格健壮坚强。前者飞翔的时候，宛若随风的柳絮，点翠的流萤。有时围绕着花树翩翩起舞，忽然又飞上栏杆展现窈窕的身影。后者飞翔的时候，有如孤鹜横空掠过，彩霞天际飘移。来时疾如奔马，去时迅若流星。至于翻跳类的鸽子，既要看它是否好看，也要看它是否强健。

[鸣] 夜半寒钟言其清，宫殿风铃言其韵，蛩吟苔砌言其细，瀑布泉声言其宏。若鹦鹉则伤于巧，仓庚❶则伤于媚。别鹤离鸿起人悲，寒猿征雁动人愁。备中和之韵，逸人之情，悦人之性，惟此声与琴音相类。

注释： ❶ 仓庚：亦作仓鹒。《诗经·豳风·七月》："春日载阳，有鸣仓鹒。"即黄莺，现通称黄鹂。鸣声宛转而细腻。

今译： 〔鸽子的鸣声〕我们用夜半寒钟来形容其鸣声之清，宫殿风铃来形容其声之韵，蛩（蟋蟀）吟苔砌来形容其鸣声之细，瀑布泉声来形容其声之宏。鹦鹉能言，不能辞过巧之嫌，黄鹂宛转，又有失诸娇媚之憾。听别鹤离鸿之声使人悲，寒猿征雁之声使人愁。只有鸽子的鸣声，中正和谐，可以安逸情绪，愉悦性情，和七弦琴的琴音相类。

[宿] 秋鸽力软，夏鸽毛希，春生者得震巽❶之气，乃能乘风凌汉。辨飞之格，先论眼，次论宿。有耸肩缩项，鹤梦鹰栖者。譬之奇骏伏枥❷，神闲气定。听鼓鼙之声，则奋然而怒。若交颈比翼，夜半啼鸣，丰采毕露者，不能摩云抟雾。

注释： ❶ 震巽：震、巽均为八卦卦名。《易经·系辞上》："以八卦分春、夏、秋、冬为四象……以震象雷，属夏，以巽象风，属秋……春、夏属阳，秋、冬属阴。""得震巽之气"是说鸽子得天地阴阳之气而生。❷ 奇骏伏枥：养马之所曰枥。马槽亦曰枥。本句意出曹操《步出夏门行》诗："老骥伏枥，志在千里。"

今译： 〔鸽子的眠宿〕秋天孵出的鸽子软弱无力，夏天孵出的鸽子羽毛稀疏，只有春季出生的受阴阳之气，得天独厚，能够乘长风凌霄汉。辨别鸽子的飞翔能力，首先看它的眼睛，其次看它的睡眠。有的在栖息时耸肩缩头，有如仙鹤入梦，猛禽宿栖。正像超群的骏马，平时伏厩，心适神闲，但一旦听到战鼓的声响，便立即精神振奋，怒气顿生。如果有的鸽子总是雌雄相依，交颈比翼而眠，夜半还传出亲昵的鸣声，尽管其风采出众，却不能破雾穿云。

〔食〕一日三时，使知节。聚粒一器，使不涣。五色聚散，雌雄卵垒，倏如覆暾❶，倏如旋螺。逼之不惧，抚之不惊。饥则相依，饱不飏去，是以取之。

注释：❶ 暾：初升的太阳。

今译：〔鸽子的饲喂〕每天喂鸽子三次，使知进食要有规律。把粮食放入容器中，不令散落满地。各种颜色的鸽子围着容器忽聚忽散，雌雄重叠杂沓。鸽群方才还在遮天蔽日地飞翔，现在已在地面像陀螺似的转来转去啄食了。鸽子十分驯熟，接近它或抚摸它都不害怕。饥饿的时候主动靠拢人，喂饱后也不飞去，这就是鸽子的可取之处。

〔眼〕诸格俱备，如双睛违式，亦不入选。飞放论神，目光如电者其神旺。花色论韵，眼横秋水者其韵远。皂者宜银，白者宜火，芦花宜金，狗眼宜豆。点子、插尾宜碧，银灰宜银沙。土合、蓝、紫宜淡金，射宫宜丹砂。惟红沙、红金、磁白三种，诸色不宜。

今译：〔鸽子的眼睛〕鸽子的各部位都很好，如果只有眼睛长得不合适，也不能入选。飞放类讲求眼睛有神，目光炯炯如电的说明它精神旺盛。花色类讲求风韵，眼如秋水，脉脉传情的可见它韵味隽永。"皂"宜银眼，"白"宜火眼，"芦花"宜金眼，"狗眼"宜豆眼，"点子"、"插尾"宜碧眼，"银灰"宜银沙眼，"土合"、"蓝"、"紫"宜淡金眼，"射宫"宜丹砂眼。惟有红沙、红金、磁白三种眼睛，长在任何花色的鸽子身上都不相宜。

传集按：《檀几丛书》本，将应该标在"豆"字旁的圈画在"子"字旁，误。此后又误在"灰"字旁、"合"字旁加圈。现均已改正，请读者核正。

〔嘴〕或如瓦雀之形，或如金玉之屑。或如牟麦❶，或如稻粱。或勾曲如雁隼❷，或宽博如象鼻。状各不同，均为上品。若乌喙鹤箝之类，不可入格。夫鹦鹉以能言被樊笼，百舌❸以多语致反声❹。金人三缄其口❺，犹防不谨。嘴舌之取短弃长宜乎！

注释：❶ 牟麦：大麦古称牟麦。是说鸽子的嘴形及大小像大麦粒。
❷ 雁隼：鹰隼嘴有勾，鸿雁嘴无勾。此处谓"勾曲如雁隼"，疑"雁"为"鹰"之误。条16"作巢"有同样错误，将"避鹰"刻成"避雁"。
❸ 百舌：鸟名，又名乌鹤。毛色黑黄相杂，鸣声圆滑。《礼记·月令》："仲夏之月，反舌无声。"汉郑玄注："反舌，百舌鸟。"
❹ 以多语致反声：似采用《月令》的说法：百舌因过于多语，到了仲夏时节，竟不能鸣叫，寂寂无声了。
❺ 金人三缄其口：《孔子家语》："孔子观周，遂入太祖后稷之庙。庙堂右阶之前有金人焉。三缄其口，而铭其背曰：'古之慎言人也。'"

今译：〔鸽子的嘴〕嘴的形状，有的像麻雀嘴，有的像金、玉的屑，有的像大麦粒，有的像稻谷高粱，有的勾曲像猛禽的嘴，有的宽大如象鼻。虽各不相同，都算是比较好的。如果像乌鸦嘴那样粗直，仙鹤嘴那样细长，就不合格了。我们知道鹦鹉因为会学人言而被关入笼子，百舌鸟因多语而反舌无声。古人铸金人还要"三缄其口"。看来对鸽子嘴的选择，总以不要长的、取其短的为好。

传集按：本条在逻辑上有些混乱。嘴的长短，和是否能言善语是两回事，并无直接关系。作者以反对能言善语为理由，主张鸽嘴宜短不宜长，未免牵强而不易理解。从全条及全书（条38："诸鸽嘴俱宜短，惟此种不拘"）来看，可以肯定选嘴标准，是取短弃长。

12〔脚〕 有毛脚，有雀爪，有鹰拳，有鸭掌，大都色宜红，质宜嫩，骨宜短。三者入格，更饶态度，方云嘉种。态有美女摇肩，王孙舞袖，春风摆柳，鱼游上水等类。昔水仙凌波于洛浦❶，潘妃移步于金莲❷，千载之下，犹想其风神，如闲庭芳砌，钩帘独坐，玩其妩媚，不减丽人。

注释： ❶ 水仙凌波于洛浦：水仙指洛神。曹植《洛神赋》："臣闻洛河之神，名曰宓妃。"此处用洛神来形容鸽子的美丽。 ❷ 潘妃移步于金莲：潘妃，南齐东昏侯妃。东昏侯尝凿地为金莲花，使妃行其上，曰："此步步生莲花也。"此处用潘妃移步来形容鸽子的行走。

今译： 〔鸽子的脚〕有毛脚，有像鸟雀的脚，像鹰爪的脚，像鸭掌的脚。各样的脚都以颜色鲜红、皮质细嫩、腿骨矮短为宜。三者全合格，再加上仪态风度好，才真称得上是佳种。讲到姿态会使人联想到美女摇肩，公子舞袖，春风摆柳，鱼争上游等等。古代传说中的凌波仙子洛神，步步生莲潘妃，千年之后，还使人想念其风神。如闲暇无事，在庭园台阶上，卷帘独坐，欣赏鸽子的娇妍妩媚姿态，真不亚于面对美貌佳人。

13〔凤头〕 鸽之有凤，如美人簪髻❶，丈夫加冠。雌常多于雄。有卷舒自如，可与尾齐者。有额羽分瓣如莲花者。有前后两开如梳背者。有缤纷如菊花者，有细旋如鸲鹆❷者，有左右披拂为眼凤者，有头毛上逆为后凤者。皆可增花色之态，助翻跳之媚。若千里拎风者，反滋赘疣。

注释： ❶ 簪髻：古代妇女的发髻和发簪。 ❷ 鸲鹆：俗称八哥。黑色，额上有毛如鸽子的凤头。

今译： 〔鸽子的凤头〕鸽子的凤头，就像美人插上了髻簪，男子戴上了高冠。雌鸽生有凤头的往往多于雄鸽。凤头有多种形态：有的会随意地舒展并卷起，展开时凤与尾齐。有的凤头分瓣如莲花。有的凤头前后分开，中分处像两把木梳的背。有的凤毛四出，状如菊花。有的细毛旋拧，像八哥的凤头。有的向左右纷披，下至眼际，故名眼凤。有的脑后羽毛向前返翘，形成后凤。各式均可使观赏鸽更加绰约多姿，翻跳鸽妩媚动人。凤头如生长在飞放类鸽子的头上，反而成了多余的累赘。

传集按：据近数十年所见，并不存在雌鸽凤头多于雄鸽的现象。双凤头、双平头，或雄凤雌平、雄平雌凤，均属常见。本条所云是否为三四百年前的情况，因时代的推移而有了变化，待考。

野鸽逐队成群，海宇皆然。若夫异种，各有产地。坤星、银棱产于晋。靯鞑❶、鹤秀产于鲁。腋蝶产蜀、黔。翻跳产大梁❷。诸尖产于粤西。凤尾齐不生中国❸，产于乌撒乌蒙❹。射宫原无种，乃间气所生，在狗眼巢中。惜其昼视不清，乳哺艰难。有黑花白地，眼如丹砂，如芙蓉❺者，可与凤尾齐媲美。

注释：❶ 靯鞑：本书条45作"鞑靯"，此处两字上下颠倒，疑误。
❷ 大梁：河南开封，古称大梁。
❸ 中国：疑为"中原"之误。
❹ 乌撒乌蒙：乌撒，今云南镇雄县及贵州威宁县境。乌蒙，今云南昭通县。
❺ 芙蓉：荷花别名芙蓉。形容鸽子眼睛如粉红色荷花。

今译：〔鸽子的产地〕野鸽成群结队，各处都有。至于珍奇品种，各有产地。"坤星"、"银棱"产于山西。"鞑靯"、"鹤秀"产于山东。"腋蝶"产于四川、贵州。翻跳类产于河南开封。各种"尖"产于广东西部。"凤尾齐"不产于中原地区，而产于云南镇雄、昭通和贵州威宁。"射宫"原无此种，经间接交配，产生于"狗眼"巢中。可惜它白天视力欠佳，喷浆哺饲很困难。有的花色为白地黑花，眼睛红如丹砂，或鲜艳如粉红色的荷花。它可与"凤尾齐"媲美。

春秋日一次，夏日二次，即隆冬严寒，亦不可废。浴气❶须佳，态方毕露。初如征雁衔芦，继如野鸥映水，终如风度芙蕖❷，娇袅不胜。观鸽之妙，止于此矣。稽五代黄筌❸，好画金盆图，盖本此也。

注释：❶ 浴气：两字费解。曾解释为沐浴时的天气，终觉牵强。"气"、"器"同音，疑"气"为"器"之误。联系下一句"态方毕露"，似谓浴器须佳（大小合适），鸽子始能各尽其态。
❷ 芙蕖：荷花亦名芙蕖。
❸ 黄筌：五代名花鸟画家，有金盆浴鸽图二轴传世。

今译：〔鸽子的沐浴〕鸽子洗澡，春秋两季每天一次，夏季每天两次，就是严冬也不停止。浴鸽的澡盆，应宽大适用，洗时不致拥挤，才能看到鸽子的各种姿态。初洗时像飞雁衔着芦苇，接着像野鸥映水嬉戏，最后像熏风吹动的荷花，娇艳袅娜，不能自持。欣赏沐浴中的鸽子，至此可叹观止。五代黄筌有金盆浴鸽图，画的正是此种情景。

昔臧孙氏山节藻棁，以藏蔡龟，君子谓之不智❶。禽兽之居，取避风雨可矣。房当向阳，勿太宏阔，周以木版，以防鼠，窗以铁线，以避雁❷。更宜近读书卧室，鸣能司晨，惰者知儆。

注释：❶ 昔臧孙氏山节藻棁，以藏蔡龟，君子谓之不智：臧孙氏名辰，春秋鲁大夫，卒谥文仲。山节指刻成山形的斗拱，藻棁指画有藻文的梁上短柱。蔡龟指蔡地出产的大龟。《论语·公冶长》："臧文仲居蔡，山节藻棁，何如其知（智）也！"
❷ 避雁：雁不伤害鸽子，没有防范的必要。故"雁"当为"鹰"或"隼"之误。

今译：〔鸽子的巢舍〕古人臧孙氏用装饰华丽的房屋藏蔡地的大龟，有识之士认为很不明智。豢养禽兽的巢舍，能够避风雨就可以了。鸽巢应当向阳，不要太大。四周围木板，以防鼠害。窗上加铁丝网，免遭猛禽袭击。鸽巢宜建在书房、卧室旁边，清晨鸣叫，能使惰者早起。

17〔疗治〕鸽性嗜豆，绿豆性冷，多食则病。受烟火之气，则病，不见阳光则病，不获沐浴则病，饮啄不得沙石则病。热病作喘，冷病下希。热疗以盐，冷疗以甘草。按禽鸟之疗治，方书❶不载。穷之以理，察之以情，木石可格其性，况蠢动者乎。

注释：❶ 方书：记载医病方剂的书。

今译：〔鸽子的治疗〕鸽子爱吃豆子，绿豆性冷，吃多了则病。受烟火之气则病，见不到阳光则病，得不到洗澡则病，啄不到沙石则病。喘是热病的症状，粪便稀是冷病的症状。热病喂盐，冷病喂甘草。按对禽鸟的诊治，医书缺乏记载。如我们仔细研究病理，用心观察病情，就是对木石都能了解其性质，何况是会行动的活物呢。

花色

诸禽鸟中，惟鸽于五色俱备。参差错综，成文不乱，是以有花色之目❶。大凡色者贵纯，花者贵辨，羽毛既美，嘴眼合宜，便为佳品。翮之刚柔，非所论也。置于园林池馆，驯顺不惊，飞鸣依人，较霍家鸳鸯❷，殆日过之。

传集按：此为《鸽经》第二章，专讲观赏鸽中以花色见长的不同品种。

注释：❶ 目：指依鸽子花色区分的品种目录。

❷ 霍家鸳鸯：典出唐蒋防小说《霍小玉传》。小说写进士李益对霍小玉始乱终弃，后致小玉愤激而死。明汤显祖有《紫钗记》，取材于此，但情节不尽相同。"较霍家鸳鸯，殆日过之"，是说鸽子雌雄相依，恩爱不渝，非霍家鸳鸯所能比拟。

今译：在各种禽鸟中，只有鸽子具有多种颜色，虽然深浅参差，错综复杂，却都自成文理，不紊不乱，所以才有可能依花色来为它们分品种定名目。一般在讲鸽子羽毛色泽时，颜色以纯正为贵，花色以清晰为贵。羽毛既然很美，嘴头眼形又长得合适，自然称得上是佳品。至于翎毛的刚柔软硬，倒不是什么重要问题。这样的鸽子，放养安置在园林的池塘馆榭间，性情温顺、闲适不惊、飞翔鸣叫，驯熟依人，实非霍家鸳鸯所能及。

19〔凤尾齐〕短嘴矮脚，凤卷如轮，飞则舒于尾齐❶。有黑白凤、白黑凤、或紫凤二色。又有蓝、紫、土合三色，皆本色凤，品格少逊。眼宜银金，他色均不入格。

注释：❶《檀几丛书》本句号在"尾"字下、"齐"字上。今依本书行文习惯将句号改在"齐"字下。"于"字亦可能为"与"字之误。

今译：〔凤尾齐〕短嘴矮脚，额上的凤头旋卷像车轮，飞起来的时候，凤头会舒展开来，向后飘动，可与尾齐。这一品种有黑身白凤，白身黑凤或紫凤二色。还有蓝、紫、土合三种颜色，它们的身体和凤头的颜色是相同的，在品格上比前面的要差一些。凤尾齐的眼睛最好是银眼或金眼，他色眼睛都不合格。

世襄按：凤尾齐特点在"凤卷如轮"。可能在我国久已绝种。今查美国勒维编著《鸽种全书》(Wendell M.Levi：*Encyclopedia of Pigeon Breeds*, 1965 by T.F.H.Publications,Inc.) 图194—197为 Jacobin（毛领鸽）四种，头部确实"凤卷如轮"，或即《鸽经》所谓之凤尾齐。特选印其白色者一鸽（图195）于此供参考。

20[巫山积雪] 金银❶短嘴，纽凤雀爪，肩宽尾狭，音中角❷，其声最高。纯黑无间，背上有白花，细纹如雪，故名。一名麸背。有一种豆眼，项上有老鸦翎者，不入格。

注释： ❶"银"疑为"眼"之误，谓巫山积雪以金眼为宜。 ❷音中角：古代以宫、商、角、徵、羽为五音。中，读 zhòng，恰好之意。"中角"是说鸽子的鸣声相当于角音。

今译： 〔巫山积雪〕宜金眼，短嘴，凤头为纽旋状，脚似雀爪，肩宽尾狭。鸣叫声相当于五音中的角音，声音最高。其羽色纯黑，无杂毛，只背上有白花，细碎和雪花一样，故有巫山积雪之名。它一名"麸背"（好像麦麸落在背上）。还有一种眼睛为豆眼，项后有老鸦翎（白色杂毛）的，不合格。

世襄按：巫山积雪见《鸽谱图说》图114、115。

21[金井玉栏杆] 金眼凤头，翅末有白棱二道，如栏。若银眼、豆、碧等眼者，不入格。一名银棱。

今译： 〔金井玉栏杆〕金眼，凤头。翅膀末有两道白棱，有些像栏杆。如果是银眼、豆眼或碧眼者，不合格。它一名"银棱"。

传集按：金井象征其金眼，栏杆象征其白棱，故有"金井玉栏杆"之名。民间一般简称"栏杆"，并有"白棱"、"棱子"等名，属于中小型观赏鸽。

世襄按：金井玉栏杆见《鸽谱图说》图107—110。

22[亮翅] 纽凤，雀爪，翅左右有白羽各半，如鹤秀。宜银眼，玉眼。如他❶色，则为皂子。

注释： ❶"他"疑为"纯"之误。

今译： 〔亮翅〕头上有纽凤，足似雀爪，左右翅膀各有一半白色羽条，和鹤秀近似。宜生有银眼或玉眼。如纯黑，左右翅无白羽则为皂子。

传集按：亮翅又有"玉翅"、"玉条"等名。末句"他色"费解，疑为"纯色"之误。因只有全身纯黑，两翅无白羽，始能称为"皂子"。

世襄按：亮翅参看《鸽谱图说》图72—78。皂子参看图17—20。

23〔坤星〕 金眼，凤头，背有星七如银，左三右四。按坤星与银棱、亮翅、麸背，皆纯黑白斑。其名虽异，其种则一。银棱巢中，间产麸背。

今译：〔坤星〕宜金眼、凤头，背上有七星，呈银白色，左三右四。按坤星与银棱、亮翅、麸背的共同之处都是黑身白纹，名称虽异，实属同类。银棱的窝中，有时会产生出麸背来。

世襄按：坤星参看《鸽谱图说》图112、113。

24〔尖〕 ❶高不逾寸，长倍之，一茶器❷可覆雌雄。鸽中之小，惟逊丁香。嘴宜稻粱，脚宜雀爪。有皂，银眼，玉嘴；蓝，豆眼，银嘴；紫，碧眼，蜡嘴；银❸，淡金眼，铁嘴；四色。凡尖，雌纽凤，雄光头。如土合、杂斑、高脚、长嘴等，虽小不入格。

注释：❶ 尖：民间或称"尖子"。　❷ 茶器：饮茶用具。《封氏闻见　记·茶》》："手执茶器，口　通茶名。"此处当指大茶碗。　❸ 银：即浅灰色，亦称"银灰"。

今译：〔尖〕高不过寸，身长为身高的两倍。用一个大茶碗可以扣雌雄两只。在鸽子中，其体型之小，仅次于"丁香"。尖的嘴应小得如稻粱谷粒，脚如雀爪为佳。有的为黑色、银眼、玉嘴。有的为蓝色，豆眼、银嘴。有的为紫色，碧眼、蜡嘴。有的为银，淡金眼、铁嘴。计有皂、蓝、紫、银四种颜色。凡尖，雌的有纽凤，雄的光头。尖的颜色如为土合、杂色花斑、高脚、长嘴，即使其体型小也不合格。

25〔十二玉栏杆〕 有银灰、青灰二种。纽凤、短嘴。自腹下前后，平分二色，白尾十二，故名。形较尖稍大，鸽之小者，此其一也。一名半边。宜豆眼，他者不入格。又一种黑者，纯黑。背有银毛梳背，最佳。如止尾白者，为插尾。

今译：〔十二玉栏杆〕有银灰、青灰二种。纽凤，短嘴。从腹部以下，前后平分为两色，后半为十二根白色尾羽，由此得名"十二玉栏杆"。其体型较尖稍大，小型鸽中，此是一种。它又叫"半边"。其眼睛最好是豆眼，他色不合格。还有一种黑色的，黑色很纯，背上如有银毛梳背，乃是十二玉栏杆的最佳品种。如果只有尾羽为白色，则其名为"插尾"。

传集按：十二玉栏杆，民间又称"银尾"，如背上有白毛，将视为杂花，不合格，而本条认为最佳，费解，待考。

世襄按：十二玉栏杆见《鸽谱图说》图92—96。

26〔玉带围〕 长身、矮脚，金眼，纽凤。音中宫❶，其鸣悠长。横有白羽一道如带。有黑，宜白围。白，宜黑围、紫围。紫，宜白围。一名紫袍玉带。三色。

注释： ❶ 音中宫：鸽子的鸣声相当于五音中的宫音。

今译： 〔玉带围〕身长脚矮、金眼纽凤。鸣叫声相当于五音中的宫音，声音悠长。其颈部围有一道带状的白色羽毛。如果鸽身是黑色的，颈部宜有白色的围带。如果鸽身是白色的，颈部宜有黑色的围带，或紫色的围带。如果鸽身是紫色的，颈部宜有白色的围带，其名又称紫袍玉带。玉带围大体上有黑、白、紫三种颜色。

传集按：民间往往称白围的曰"白环"或"玉环"。黑围的曰"黑环"或"墨环"。紫围的曰"紫环"或"铜环"。

世襄按：玉带围见《鸽谱图说》图87。

27〔平分春色〕 一名劈破玉，纽凤，金眼，形如腋蝶。白头至尾，分异色羽一条如线。有紫宜白分。黑宜紫分，或白分。白宜紫分，或黑分。三色。沙眼、银眼，俱不入格。

今译： 〔平分春色〕又名劈破玉。头带纽凤、金眼，长相很像腋蝶。从头到尾，正中间生长着一条线状的异色羽毛。如鸽为紫色，中分一线为白色羽毛。如鸽为黑色，中分一线为紫色羽毛，或白色羽毛。如鸽为白色，中分一线为紫色羽毛或黑色羽毛。计有紫、黑、白三种颜色。沙眼或银眼，都不合格。

世襄按：平分春色见《鸽谱图说》图119。

28〔鹤秀〕 银嘴，鸭掌❶。菊凤。头尾俱白。有黑、紫、土合、蓝四色。羽毛如鹤之秀，故云。宜豆眼、金眼。两腋稍见杂色者，不入格。

注释： ❶ 鸭掌：可能用鸭掌形容鹤秀之爪较大，不得误解为脚上有蹼。尚未闻鸽脚有蹼者。

今译： 〔鹤秀〕嘴银灰色，脚爪较大，略似鸭掌。菊花凤。头尾均为白色，背上色羽有黑、紫、土合、蓝四色。因其花色像仙鹤那样秀丽，故名鹤秀。眼睛宜豆眼、金眼。两腋如稍有杂色羽毛，便不合格。

传集按：养鸽者皆知鹤秀之花色在两翅表面。翅合拢时，花纹在背上。本条"两腋如稍有杂色羽毛"一语，可证明张万钟所谓之"腋"，并非腋下，而是背上。

世襄按：鹤秀参看《鸽谱图说》图98—103。

29〔大尾〕 他鸽尾皆十二，以象十有二月。惟此种二十四条，以按二十四气❶。长身，短嘴。有黑、白、紫三色。惟白色豆眼者最佳。

注释： ❶ 二十四气，即二十四节气。

今译：〔大尾〕一般鸽子尾羽都是十二根，象征一年十二个月。惟独大尾有二十四根尾羽，象征二十四节气。它身长、嘴短，有黑、白、紫三种颜色。只有白色豆眼者为最佳。

传集按：鸽子尾羽之数和一年十二个月、二十四节气全无关系，故纯属牵强附会之谈。实际上在十二、二十四之间，尾数还有十三、十四、十六、十八根者。如扬州点子可达十四根，筋斗鸽可达十四至十六根。大尾鸽中有一种尾列如屏者被称为"扇尾鸽"。

世襄按：大尾参看《鸽谱图说》图15。

30〔靴头〕自项平分，前后二色。高脚、雁隼❶，金眼，纽凤。他种凤头雌多于雄，惟此种雄多于雌。有黑、紫、蓝三色。沙眼、银、碧等眼，俱不入格。又一种两头乌，白身，头尾俱黑，嘴类点子，形如靴头，凤头金眼者佳。豆眼、碧眼者次之。又一种两头紫，最佳。

注释：❶ 雁隼：据条11〔嘴〕，雁隼乃指勾曲的鸽嘴。惟雁嘴无勾，故疑"雁"乃"鹰"之误。据近年所见黑、紫、蓝三色乌头（即靴头），勾嘴者绝少。可能勾嘴多为四百年前靴头的特征。

今译：〔靴头〕自项以上为一色，自项以下为另一色。腿较高，勾由嘴，金眼，纽凤。一般鸽种，雌鸽有凤头的多于雄鸽，惟独此鸽，雄鸽有凤头的多于雌鸽。有黑、紫、蓝三种羽色。凡生有沙眼、银眼、碧眼的都不合格。又有一种名叫"两头乌"，身白色，头尾均为黑色。嘴像点子，体型像靴头，以凤头金眼者为佳。豆眼、碧眼者较差。另外还有一种名"两头紫"的，最好。

传集按：靴头又名"乌头"。本条称靴头雄鸽有凤头者多于雌鸽，现在此现象似已不复存在。

世襄按：靴头见《鸽谱图说》图88—91，两头乌见图83—85。

31〔雕尾〕❶短嘴，白身，插黑尾十二。宜金眼，豆眼。

注释：❶ 雕尾：雕尾鸟类，鹰科，猛禽中之较大者。

今译：〔雕尾〕短嘴，白身，十二根尾羽则为黑色。宜金眼或豆眼。

传集按：雕尾俗称"插尾"、"倒插"，甚至称"黑尾巴"。雕尾一称反罕为人知。

世襄按：雕尾见《鸽谱图说》图69、70。

32〔点子〕额上有黑毛如点。嘴上黑下白，一名阴阳嘴。沙眼、银眼不宜。间有紫点、蓝点者，最佳。又一种凤头点，若重瓣水仙者，不佳。

今译：〔点子〕额上长着黑色羽毛，像一个黑点。嘴的上喙为黑色，下喙为白色，故一名阴阳嘴。沙眼、银眼均不相宜。点子偶尔有紫点子、蓝点子，乃最佳品种。又有一种凤头点子，凤头好像双瓣的水仙花，不佳。

传集按：点子依其不同颜色有黑点子、紫点子、蓝点子等称。凤头如双瓣水仙者不佳，是因为色羽披散，有损点子的形象。

世襄按：点子见《鸽谱图说》图64、65。

33〔大白〕 金眼纽凤，一只可重斤余。其大者如鸡，鸣音若钟，可达四邻。峨冠博带，气象岩岩。鸽中之大者，此种第一。

今译：〔大白〕金眼，纽凤，一只重一斤多，最大的几乎像只鸡。鸣声响亮，宛如洪钟，四邻都能听到。好像头戴高冠，身穿宽带的大袍，好不威严轩昂。大体型鸽种中，它居首位。

传集按：大型白鸽除金眼外，尚有血红眼、桃花眼者。头戴凤者甚少见。嘴形有的粗大而直，上喙弯曲，俗名鹦鹉嘴。如为类分，亦不下三四个品种。

世襄按：《鸽谱图说》图1—15均为白色鸽。其中体型大者，可能被称为"大白"，可参阅。

34〔皂子〕 短嘴，矮脚，形如鹤秀，有菊花凤、纽凤。一种金眼，莲花凤，银眼，梳背凤者，可称绝品。按凤头惟皂子、芦花二种，各格俱全。

今译：〔皂子〕短嘴、矮脚，体形像鹤秀，生有菊花凤或纽凤。有一种金眼，莲花凤；还有一种银眼，梳背凤，堪称绝品。按鸽子中只有皂子和芦花两种的凤头式样俱全。

世襄按：《鸽谱图说》图17—30均为皂子类，可参阅。

35〔芦花白〕 毛泽如玉，间以淡紫纹，若秋老芦花，故名。菊花凤或莲花凤，金眼银嘴，身长脚短，格如鹤秀者佳。有一种银眼者，名明月芦花，精妙不逊射宫。若长嘴高脚，小头沙豆眼者，为杂花白，不入格。

今译：〔芦花白〕羽毛洁白，光泽如玉，间有一些淡紫花纹，如深秋长老了的芦花，故名。以生有菊花凤或莲花凤，金眼银嘴，身长脚短，形象如鹤秀的为好。有一种银眼，名叫"明月芦花"，其优美不亚于射宫。芦花白如生有长嘴高脚，小头沙眼或豆眼者，只能称之为"杂花白"，不合格。

世襄按：芦花白参看《鸽谱图说》图120。

36〔石夫石妇〕 种出维扬❶。土人云："石夫无雌，石妇无雄。"石夫黑花白地，色如洒墨玉。石妇纯白，质若雪里梅。短嘴圆头，豆眼。鸽之小者，此其一种。

注释：❶ 维扬：即扬州。庾信《哀江南赋》："淮海维扬，三千余里。"后因截取二字以为名。

今译：〔石夫石妇〕出产在扬州。当地人说："石夫没有雌的，石妇没有雄的。"石夫的特征是白地黑花，好像在白玉上洒墨点。石妇纯白，好像在雪中绽开了梅花。它短嘴圆头，豆眼。属于小型鸽的一个品种。

传集按：体味原文，石夫黑色文理较多，石妇亦非纯白，只是文理较少而已。否则怎能出现梅花。既是同一品种，雌雄文理多少有些差异，不足为奇。雄者文理一般比雌者多一些，亦属可能。但倘谓雄者一定色羽多，雌者一定色羽少，则恐未必一定如此。"石夫无雌，石妇无雄"之说，亦未免言过其实。似可理解为"雄者名石夫，雌者名石妇"，则在情理之中矣。以上是否符合实际情况，有待生禽证明。

37〔卧阳沟〕 状似腋蝶，声更清越。白头至尾，左右二色，如醉卧沟中，水湿半体。铁嘴雁拳，鸲鹆凤或菊花凤，其种最佳。有紫白分者，有黑白分者，有蓝白分者。俱宜淡银、金眼、玉眼，他眼不宜。

今译：〔卧阳沟〕形状像腋蝶，鸣声清脆响亮。从头到尾，左右分为两色，好像酒醉后卧倒在水沟中，半边身体被水浸湿了。以生有铁嘴，足如雁拳，凤如八哥的凤头，或菊花凤为佳。其羽色有半边紫、半边白的；半边黑、半边白的；半边蓝、半边白的。俱以淡银眼、金眼或玉眼为宜。其他色的眼睛都不相宜。

38〔鹊花〕 银嘴金眼，长身短脚。文理与喜鹊无别，故名。驯顺不减腋蝶，鸽中之良，此其一种。有紫、鸲鹆凤，深紫者佳。尾末有杂毛者，不入格。黑项下有老鸦翎者，不入格。二色。诸鸽嘴俱宜短，惟此种不拘。

今译：〔鹊花〕银嘴金眼，长身短脚。文理与喜鹊没有分别，故名。其性情温顺驯熟不亚于腋蝶，属于优良鸽种之一。以紫色生有八哥式凤头的，尤其是紫色深的为佳。尾末有杂毛的不合格。黑白色的鹊花，项下有老鸦翎的，不合格。计黑白与紫白两种花色。各种观赏鸽都以短嘴为宜。惟独此种，嘴的长短不拘。

传集按：喜鹊文理为黑白两色。飞时两翅展开为白色，落时两翅收拢为黑色，盖因翅翎外缘为黑色，内为白色之故。严格说来，鸽子的花色文理与喜鹊相同的并不存在。"鹊花"只能说和喜鹊文理近似而已。本条谓鹊花"文理与喜鹊无别"，说明作者的观察不够准确，记录不够严格。

世襄按：鹊花请参看《鸽谱图说》图140—143。

39〔紫腋蝶〕 白质紫纹，嘴有灰色毛，四瓣，如蝶之形，腋有锦羽二团，如蝶之色，故名。银嘴淡金眼者第一。此种不待调养，天性依人，良种也。又有黑、白质黑花；蓝、白质蓝花；浅蓝色者佳。翅后有紫棱者为斑子。二色。又一种青花，最类斑点。以嘴衔蝶，故列腋蝶之后。

今译：〔紫腋蝶〕白色，紫色花纹。嘴旁生有灰色羽毛四瓣，好像蛱蝶的形状，腋有两团锦绣似的羽毛，好像蛱蝶的颜色，故有腋蝶之名。它以生有银嘴、淡金眼的为第一。天性依人，用不着调养便很驯顺，确实是良种。又有黑腋蝶，白身黑花，蓝腋蝶，白身蓝花，以浅蓝色者为好。翅后如生有紫棱的，名叫"斑子"。以上计黑、蓝两种花色。又有青花一种，很像斑点。因嘴旁花纹也好像衔着蛱蝶，故一并列在腋蝶类之后。

传集按：综观本条，紫腋蝶因嘴旁有四瓣色羽，状如蛱蝶，腋有两块色如蛱蝶的团花，故名腋蝶。但据目见生禽，嘴部不论有无蝶状花纹，两团色羽均生长在肩背之上，不在腋下。倘腋下偶有色羽，皆零乱不规则，故只能视为杂花，不能成为花色品种。因此我们只能对张万钟所谓之"腋"，理解为背膀而不是夹（gā）肢窝。证以条44麒麟斑称："即腋蝶。嘴无杂羽，腋无异色，背上斑文如麟甲，因名。"明确说明腋蝶色羽在背上，不在腋下。是张万钟所谓的"腋"，不同于习惯所谓的"腋"的有力证据。

世襄按：紫腋蝶见《鸽谱图说》图99，腋蝶参看图97、98。

40[套玉环] 色宜纯，环宜细，状若靴头者次，形如银棱者佳。纽凤、短嘴、金眼。有黑、白环；紫、白环；蓝、白环三色。一种白质紫环或黑环者，最佳，惜不恒有。一名套项。

今译：〔套玉环〕羽色要纯正，环形要细。体形大如靴头者为次品，小如银棱者才好。它生有纽凤、短嘴、金眼。有一种黑身套白环，有一种紫身套白环，有一种蓝身套白环。计三种花色。又一种白身套紫环或黑环的最佳，可惜不常有，它们一名"套项"。

传集按：黑身套白环的和紫身套白环的，常分别被称为"黑玉环"及"紫玉环"，"套玉环"一称，反罕为人知。白身套紫环的和套黑环的，常分别被称为"紫环"或"铜环"和"黑环"或"墨环"。"套项"一称反罕为人知。

世襄按：套玉环见《鸽谱图说》图87。

41[狗眼] 雀喙鹰拳，宽肩狭尾。头圆眼大，眼外突肉如丹，高于头者方佳。止宜豆眼、碧眼。外肉白者，用手频拭则红。有黑，纯黑如墨。又一种烂柑眼，如蜜罗柑皮，皂黑如百草霜❶。紫有深紫、淡紫二种。白忌小头，蓝忌尾有灰色。五花毛，五色羽相间如锦。莲花白，自头至项，紫白相间，黑花白地，此种最佳。眼大者品同射宫。鹰背，色最润，背有鳞文者佳。银灰翅，末无皂棱者佳。十色❷。按狗眼乃象物命名之义。以狗之眼多红，故名。实为西獒❸睛，俗多不知，姑仍旧呼可耳。

注释：❶ 百草霜：《本草纲目》卷七，《释名》：灶突墨。时珍曰："此乃灶额及烟炉中墨烟也。其质轻细，故谓之霜。"本条以此形容黑鸽羽毛黝如墨烟。

❷ 十色：狗眼的十个品种。计：黑、紫、白、蓝、五花毛、莲花白、黑花白地、大眼、鹰背、银灰。《檀几丛书》本在"银灰翅"之翅字旁加

圈，误。银灰乃鸽之花色，翅末乃皂棱所在之处。圈应上移至"灰"字旁。

❸ 西獒：当为"西獒"之误。即西藏所产名犬藏獒。

今译：〔狗眼〕嘴像麻雀，足似鹰爪。肩宽尾窄，头圆眼大。眼外有一圈鲜红而宽大的眼皮，以高高突起的为佳。眼睛只宜豆眼和碧眼。眼皮白者，用手频频拂拭，便会变成红色。黑色的狗眼，纯黑如墨。有一种烂柑眼，眼皮像蜜柑皮，黑得有如百草霜。紫色的狗眼，有深紫、淡紫两种。白色的狗眼，头不宜小。蓝色的狗眼、尾羽不宜出现灰色。五花毛狗眼，应五色羽毛相间，美如锦绣。莲花白狗眼，应从头到项、紫白相间。黑花白地狗眼，当数最佳品种。大眼狗眼，品格与射宫相等。鹰背狗眼，羽色很润，以背有鱼鳞纹的为佳。银灰狗眼，翅末无黑色棱的才好。以上共计十个花色。按狗眼一称，乃从象物得名。因狗眼多红色，故名狗眼。其原始名称为"西鷞睛"，现在一般人已不知道，姑且称之为狗眼好了。

世襄按：狗眼见《鸽谱图说》图7、8、50、51。

42〔射宫〕其头空洞可照，红光直射脑宫，因名之。眼红如琥珀，火灯隔照，彩若悬星。昼视最艰，故交在夜，一名夜合鸽。头比狗眼更大，项较狗眼微长。行如美丽，又名美人鸽。有蓝、白、紫、黑四色。惟白最佳。初无产地，生于狗眼巢中。又一种睛稍暗者，为火睛狗眼，非射宫也。

今译：〔射宫〕其头仿佛透明，光线可以射透，故名"射宫"。眼睛呈红色，好像琥珀。隔灯照射，眼睛的光彩，有如天空悬挂的星星。此鸽在白昼视力很差，所以交配多在夜间。因又名"夜合鸽"。它的头比狗眼大，颈项比狗眼稍长。行如佳丽，故又名"美人鸽"。其花色有蓝、白、紫、黑四色，只有白色的最佳。射宫本无确切产地，而出生在狗眼的窝中。还有一种眼睛稍暗，名叫"火睛狗眼"，它不能算是射宫。

传集按：本条谓射宫之头空洞可照，其交在夜，违反鸽之生理习性，恐有夸张之处，不尽可信。又谓生在狗眼巢中，故当是一个杂交品种，经过选择，逐渐定型。

43〔丁香〕嘴如牟麦，头如核桃❶，体如瓦雀。声中羽，其鸣最细。脚红如丹砂，凤起若纽丝，鸽中之小者，此其最也。有皂、玉眼，项有绿毛者为红青，不入格。紫、玉眼，银嘴，尾有灰色者，不入格。蓝、玉眼，铁嘴，身有白毛者，不入格。银、金眼，铁嘴。四色。按丁香产于荆襄❷，皂者更佳。色不宜杂花，眼不宜沙、豆。

注释：❶ 核桃：当指南方生产之小胡桃。鸽体既小如瓦雀，其头不可能大如北方生产的核桃。　❷ 荆襄：泛指湖北。

今译：〔丁香〕嘴小得如大麦粒，头小得像胡桃，体形像麻雀。鸣声相当五音中的羽音，极为微细。脚红如朱砂，凤头高起，仿佛用丝纽结而成。在小型鸽中，它是最小的一种。丁香有黑色的，玉眼。如颈项上有绿毛，名叫"红青"，不合格。有紫色的、玉眼、银嘴，如尾羽有灰色的，不合格。有蓝色的、玉眼、铁嘴，如身上有白色杂毛的，不合格。有银灰色的、金眼、铁嘴。以上共有四种花色。按丁香产地在湖北荆州、襄阳一带，以黑色的为最佳。不论哪一花色，都不宜生有杂色羽毛和沙眼或豆眼。

44〔麒麟斑〕即腋蝶。嘴无杂羽,腋无异色,背上斑文如麟甲,因名。翅末有棱二道,短嘴矮脚,金眼、豆眼者佳。有紫斑、白斑、深蓝斑三种。

今译:〔麒麟斑〕即前面讲到的腋蝶(见条39)。它嘴旁无杂毛,腋部无杂色。背上有麟甲状花斑,因而得名"麒麟斑"。翅末有棱纹两条,以短嘴、矮脚、生有金眼、或银眼者为佳。有紫斑、白斑、深蓝斑三种花色。

传集按:本条既谓麒麟斑即腋蝶,背上有花斑。可反证腋蝶的锦羽二团也在背上,不在腋下。

世襄按:麒麟斑见《鸽谱图说》图99。

45〔鞑靼〕夜分❶即鸣,声可达旦❷,因以名之。雄声高,雌声低。高者如挝鼓,低者如沸汤,千百方止。有菊花凤、遮眼凤、后凤三种。脚羽如扇,故飞不能出墙垣,较大白稍逊。鸽中之大者,此其次也。宜金眼、豆眼。有蓝、豆眼。白,金眼者佳。紫,豆眼。土合,豆眼。雪头,纯黑,头有白羽, 一名落雪。五色。

注释: ❶夜分:犹言夜半。《后汉书·清 河孝王传》:"每朝谒陵庙, 　　　常夜分严装,衣冠待明。" ❷达旦:即从夜晚到天亮。《汉 书·刘向传》:"昼诵书传,夜观星宿,或不寐达旦。"

今译:〔鞑靼〕每到夜半即鸣叫,一直到天亮,故名达旦。雄的叫声高,雌的叫声低,声高的如搔鼓,声低如烧开了水,叫了千百次才停止。有菊花凤、遮眼凤、后凤三种。毛脚长得大如一把团扇,因而连墙头都飞不过去。其体型仅比"大白"稍小一些,在大型鸽种中,数得第二。眼睛以金眼、豆眼为宜。有蓝色的、豆眼。白色的,以金眼为佳。紫色的,宜豆眼。土合色的,宜豆眼。还有一种黑色的,名叫"雪头",头上有白色羽毛,也叫"落雪"。鞑靼计有五种花色。

传集按:此鸽因鸣叫达旦而得名。即使左侧加"革"旁,也应作"鞑靼",不应作"靼鞑"(见条14)。至于何以加"革"旁,可能借此示人鸽有别。

46〔赛鸠〕其形如鸠,惟嘴短头大,豆眼、碧眼,鹰背色者佳。他色不入格。

今译:〔赛鸠〕体形像斑鸠,只有短嘴,大头,豆眼、碧眼,背上羽色像苍鹰的才好,其他颜色的不合格。

47〔金眼白〕形类银棱,头微小,银嘴纽凤。

今译:〔金眼白〕体形类似银棱,头稍小一些,银嘴,纽凤。

传集按:银棱即金井玉栏杆,见条21,属中小型鸽种。

世襄按:金眼白见《鸽谱图说》图1、2。

48〔鹦鹉白〕形类鹤秀，有菊花凤、梳背凤，惟莲花凤最佳。宜豆眼、碧眼、淡金眼三种。鸽中之娇媚者，此其冠也。

今译：〔鹦鹉白〕体形类似鹤秀，有菊花凤、梳背凤，而以有莲花凤者为最佳。宜生有豆眼、碧眼及淡金眼。在观赏鸽中如讲到娇媚动人，当以此为冠。

49 飞放

文鸽❶飞不离庭轩，此种六翮刚劲，直入云霄，鹰鹯❷不能抟❸击，故可千里传书。不论羽毛嘴脚，睛有光彩，翅有骨力，即为佳品。

传集按：此为《鸽经》第三章，专讲善飞翔可用以传书的不同品种。

注释：❶ 文鸽：指形态花色，美丽有　　　与专供放飞的信鸽相对而言。　　　指搏击鸽子的鹰隼。
　　　文彩的鸽子，相当于观赏鸽，　❷ 鹰鹯：猛禽类的通称，此处　❸ "抟"为"搏"之误。

今译：富有文彩的观赏鸽，不会远离庭院轩堂。本章讲的飞放鸽则不同，它们翅膀特别强劲，飞起来可高入云霄，凶猛的鹰隼都搏击不到它，故可用来千里传书。对飞放类的鸽子，我们不必要求其羽毛嘴脚的长相如何，只要它眼睛光彩有神、翅膀强劲有力便是优良品种。

50〔皂子〕项有绿毛者，为夏鸽，不耐远飞。银沙眼，象鼻嘴者为佳。又有银裆❶，腹下有白毛一团。玉腿，两腿有白羽。雪眉，两眼上有白毛二道，如眉。玉翅，两翅白羽，左七右八。四色。按皂子之种最多，惟此数种入格。如单剑❷、双剑❸、银棱等，羽毛虽美，非飞放之选。

注释：❶ "裆"为"裆"之误。　　　　　　一根白色大条者。　　　　两根白色大条者。
　　　❷ 单剑：似指黑色鸽两翅各有　❸ 双剑：似指黑色鸽两翅各有

今译：〔皂子〕如颈项上有闪绿色光泽的羽毛，乃是夏鸽，不能远飞。以银沙眼、象鼻嘴者为佳。皂子中还有"银裆"，腹下有白毛一团。"玉腿"，两腿有白色羽毛。"雪眉"，眼上有两道像眉毛似的白毛。"玉翅"，两翅有白色大条，左七根、右八根。以上计四种花色。名叫皂子的鸽子品种最多，只有以上数种胜任飞放。如单剑、双剑、银棱等，羽毛花色虽很美丽，但用来飞放都不合格。

传集按：条34及本条，名称相同，都叫"皂子"，而前者是观赏鸽，后者为飞放鸽。本条将并非纯黑、身上某部位生有白毛的也列入皂子，和现代只把全身纯黑的称为皂子不同。看来这是"皂子之种最多"的主要原因。

世襄按：皂子参看《鸽谱图说》图17—30。玉翅见图72—78。

51〔银灰串子〕色如初月，翅末有灰色线二条，此种飞最高，一日可数百里。飞放之中，此其冠也。一种瓦灰，棱线微粗，飞稍逊之，眼多红沙、金沙二种。

如银眼者更佳。

今译：〔银灰串子〕羽色像初升的月色（浅灰色），翅末有两条灰色线 此种能飞得很高，一天可以飞几百里，在放飞类鸽子中它居首位。还有一种瓦灰，翅末棱线略粗，飞翔能力稍差，眼睛多为红沙和金沙两种。如果生有银眼则更好。

世襄按：银灰串子见《鸽谱图说》图31，瓦灰见图35。

52〔雨点斑〕墨青，有皂文如雨点。

今译：〔雨点斑〕羽色呈墨青色，身上有黑色花纹像雨点。

世襄按：雨点斑见《鸽谱图说》图125。

53〔紫葫芦〕金眼毛脚，飞不能远，高可入云。短嘴矮脚，有莲花凤者，可为花色。

今译：〔紫葫芦〕金眼毛脚，不能远飞，但可高入云霄。另有一种短嘴矮脚，生有莲花凤，可以列入以花色见胜的观赏鸽。

传集按：毛脚紫葫芦，只能飞高，不能飞远，与"千里传书"的条件不符，不知何以也被列入飞放。

世襄按：紫葫芦参看《鸽谱图说》图61—63。

54〔信鸽〕不拘颜色，大都皂、白为佳。身比丁香稍大。双睛突出，光芒四射。雌雄不双飞，雌飞不逾百里，旅人多携雄远出，数千里外，终日可至。其性恋巢，故中途不肯留连。

今译：〔信鸽〕不受羽色限制，大都以黑色、或白色的为好。身体比"丁香"稍大，眼睛突出有神，光芒四射。雌雄不双双飞行。雌的飞不远，一般不超过百里。因此外出人员多携带雄鸽远行，在数千里外放飞，当天即可飞回。因为雄鸽习性恋巢，故不会在中途停留。

传集按：今人不喜白色信鸽，而多重雨点、鱼鳞花、蓝灰、青皂、红绛等色，原因在各色比白色隐蔽，不易被发现，可减少人为杀害或天敌袭击。体形以中小型为宜，取其灵活轻巧，飞行速度快。

55〔夜游〕凡鸟皆夜栖，惟此种夜间能视，故名。短嘴矮脚，身长不逾银棱，翅与尾齐，眼光如电。离巢不落树木楼台，冲霄直上，毫无倚傍，方入格。有鹰背，豆眼。墨花，豆眼。墨青，豆眼。白，金眼。火斑，沙眼、火眼；有白、紫二色。六种。按夜游原无种，信鸽同鸠哺子，即能夜飞。昔人悬哨者此种。

今译：〔夜游〕鸟类一般都是夜间栖息，惟独此鸽夜间能够看到东西，故名"夜游"。它嘴短腿矮，身长不超过"银棱"，翅与尾齐，眼光如电。飞离鸽巢后，只有不落树木楼台，直冲霄汉，任意飞翔，全无依傍的，方才合格。有：鹰背，豆眼。墨花、豆眼。墨青，豆眼。白，金眼。火斑，沙眼、火眼；有白、紫两种颜色。以上共计六种花色。按"夜游"原无此品种，乃由信鸽和斑鸠杂交哺育而成的鸽子，便能夜间飞翔。过去人们带哨放飞的即此种。

传集按：本条讲到"夜游"能夜间视物并飞翔，有违鸽之生理本能，缺乏科学证据，故难置信。据现代养鸽经验，要使信鸽能夜间返回鸽舍，必须具备以下条件：一、信鸽确为优良品种。二、经过严格训练。三、天气晴朗，月光明亮。四、鸽舍有良好照明，明显标志。否则不可能成功。本条又谓鸽与鸠杂交，下一代可以夜间飞翔并视物，同样缺乏科学证据。大量的有关养鸽文献，从未见有类此的结论或报道。本人曾同笼饲养信鸽、斑鸠达两年之久，终未能使其交配。上述本条所云两点，在无实例证明之前，不敢轻易相信。

翻跳

翻者，飞至空中，如轮转动也。有三种：自左至右，平飞转动者为高翻。自上至下，半空转动者为腰翻。飞不逾丈，逼檐墙而转动者为檐翻。肩宽尾狭者翻高，肩狭头小者翻腰，身长尾狭者翻檐。跳者，飞不逾尺，不离阶砌，跳跃旋转。一种肩宽身短，无倚附即转，有凭借方止者，名滚跳。一种身长头小，行动四顾，闻声响即转者，为戏跳。一种进退维谷，逐尾即跳者，为打跳。总之，翻跳原一种，其名不同，其致则一。

传集按：此为《鸽经》第四章，专讲能翻转滚跳的不同品种。

今译："翻"是指飞到空中好像车轮一般翻转的鸽子。翻法有三种：飞起后，从左到右平向转动的叫"高翻"。从上向下，在半空中转动的叫"腰翻"。飞起高度不过一丈，临近屋檐或院墙时转动的叫"檐翻"。不同翻法和它们的体型有关：肩宽尾狭的能翻高，肩狭头小的能翻腰。身长尾狭的能翻檐。"跳"是指飞不过尺，没有离开台阶即跳跃旋转的鸽子。它们也分三种：一种肩宽身短，无所依附即开始旋转，直到受到阻碍才停止的叫"滚跳"。一种身长头小，行动时左顾右盼，听到声响便开始旋转的叫"戏跳"。一种进退踌躇，受到追逐尾随时即跳的叫"打跳"。总之，"翻"和"跳"原属同类，名称虽异其性质则是一致的。

世襄按：翻跳参看《鸽谱图说》图13、14、29、30、57、58、104。

57【凤头白】宜淡金眼，菊花凤。

今译：从略。

世襄按：凤头白见《鸽谱图说》图13。

58【凤头皂】宜银沙眼，菊花凤。

今译：从略。

世襄按：凤头皂参看《鸽谱图说》图19、30。

59【毛脚紫】毛不宜长，豆眼者佳。

今译：从略。

世襄按：毛脚紫见《鸽谱图说》图57。

60【莲花白】毛脚豆眼者入格。

今译：从略。

世襄按：莲花白参看《鸽谱图说》图10。

61【沙眼银灰】后棱细者佳。

今译：〔沙眼银灰〕以翅末棱文较细的为佳。

62【毛脚白】豆眼，短嘴，长身者佳。

今译：从略。

世襄按：毛脚白参看《鸽谱图说》图10—12。

63【土合】毛脚，眼凤。

今译：〔土合〕毛脚，生有左右披拂至眼的眼凤。

64 按翻多光头，跳多毛脚。跳子交合极艰，故哺雏最难。须加人力调护，方能生化。

今译："翻"类的鸽子多光头。"跳"类多毛脚。"跳"类交配非常困难，所以不容易哺育幼雏，必须人工辅助调护，才能孵化生长，发育成活。

典故

传集按：此为《鸽经》第五章，汇集我国历代有关鸽子的历史故事。

蜀有苍鸽，状如春花❶。

注释： ❶ 蜀有苍鸽，状如春花：语出《越绝书》并经《太平御览》卷九百二十三援引。两书均为"蜀有花鸽"。今易"花"为"苍"，疑误。

今译： 从略。

北齐李绘❶，字敬之，河间太守崔谌❷恃其弟暹❸势，从绘乞麋角鸽羽❹。绘答书云：鸽有六翮，飞则冲天，麋有四足，走便入海。下官肤体疏懒，手足迟钝，不能近逐飞走，远事佞人❺。（按麋当作麋）

注释： ❶ 李绘：天保初为司徒右长史《北齐书》卷二十九有传，称其"质性方重，未尝趋事权势，以此久而屈沉"。
❷ 崔谌：《北齐书·李绘传》"谌"作"谋"。
❸ 崔暹，字秀伦，天保末官至右仆射，《北齐书》卷三十有传。
❹ 麋角鸽羽：麋鹿的角，麋鹿俗称四不像。鸽羽，当指名贵鸽种。
❺ 佞人，指花言巧语，献媚于上的人。

今译： 北齐时人李绘，字敬之。河间太守崔谌，依仗其弟崔暹的权势，向李绘索取麋角和佳鸽。李绘回信答称：鸽长有翅膀，飞能冲天，麋长有四足，奔能到海。下官身体懒散，手脚迟钝，不能追飞禽，逐走兽，侍奉奸佞之人。

崔光❶为司徒，昼坐诵经，有鸽飞集膝前，入怀中，缘臂上，久之乃去。

注释： ❶ 崔光：北魏时人，本名孝伯，字长仁，孝文帝赐名光，封博平县开国公。《魏书》卷六十七有传，称其"崇信佛法，礼拜读诵，老而逾甚"。

今译： 北魏时的崔光，曾任司徒官职。他白天坐诵佛经，鸽子飞集到他的膝前，扑到怀里，还顺着臂膀往上爬，过了好久才飞去。

杨素❶见赤鸽高三尺。

注释： ❶ 杨素，隋朝人，字处道。初事周武帝，后从文帝定天下，封越国公。《隋书》卷四十八有传。

今译： 杨素曾见赤色的鸽子，高三尺。

传集按："三尺"如非讹误，显然过于夸张。

隋帝❶晏❷可汗❸使者，有鸽鸣于梁上。帝命崔彭❹武❺射之，中。帝大悦，由是彭武❻以善射名。

注释： ❶ 隋帝：为隋文帝杨坚。
❷ 晏：为"宴"之误。
❸ 可汗：西域国主之称。
❹ 崔彭：字子彭，性刚毅，有武略。《隋书》卷五十四有传。
❺❻ "武"字为衍文。

今译：隋文帝宴请可汗的使者，有一只鸽在殿梁上鸣叫。帝命崔彭射之，一下子就射中了。帝大悦，从此崔彭以善射著名。

71　并州石璧❶释明度者，贞观末，有鸽巢楹，乳二雏。度每以余粥就哺之。曰："乘我经力，羽翼速成。"忽一日学飞，堕地俱死。度为瘗之。旬余，梦二小儿曰："儿本鸽也。今转生寺东某家矣。"度往访求，果孪生二子。入视之，呼曰："鸽儿"，一时回顾应诺。后俱成立。

注释：❶ 并州石璧："璧"为"壁"之误。石壁指山西太原西南交城县　北十公里的石壁山，为佛教圣地，北魏延兴二年建有玄　中寺。唐重建，改名石壁永宁禅寺，又名石壁寺。

今译：唐贞观末年，并州石壁寺殿前柱梁上有鸽子做窝，哺育一对幼雏。和尚明度常用食余之粥喂它们，并念称："借我佛门经力，羽翼快快成长"。忽有一天幼鸽学飞，都掉地摔死。明度将它们埋了。过了十来天，他梦见两个幼儿，声称："我们本是鸽雏，现在已转生到寺东某家。"明度前往查访，果然一对孪生子。明度进去看望，并呼唤："鸽儿、鸽儿。"一双幼儿都回头答应。后来两儿都长大成人。

72　徐浩❶有文辞，张说见其《喜雨》、《五色鸽赋》❷曰："后来之英也。"

注释：❶ 徐浩，字季海，唐开元、天宝时人，《旧唐书》卷　一百三十七，《新唐书》卷一百六十有传。　❷《喜雨》、《五色鸽赋》：似为徐浩所作两赋名。

今译：徐浩有文学才能。张说见到他撰写的《喜雨赋》和《五色鸽赋》，赞叹地说："真是后起的英才！"

73　张九龄❶家养群鸽。每与亲知书，系鸽足上，飞往投之，目为飞奴。（开元天宝遗事）

注释：❶ 张九龄：字子寿，曲江人，开元中拜同平章事中书令。　唐代名臣，文学冠一时。《旧唐书》卷九十九、《新唐书》　卷一百二十六有传。

今译：张九龄家养成群的鸽子，每当他和亲戚知交写信，就系在鸽腿上，让它飞往投送，把鸽子看成"飞奴"。

　　传集按：《开元天宝遗事》原文较详，中有："每与亲知书往来，只以书系鸽足上，依所教之处，飞往投之"等语。凡养鸽者皆知，携鸽远出，放飞后只知飞回其巢，而不可能令其依主人所教，飞往他处。故所记有失实、夸张之处。

74　陈诲❶嗜鸽，驯养千余只。诲自南剑❷牧，拜建州❸观察使。去郡前一月，群鸽先之。富沙❹旧所，无孑遗矣。又尝早衙，有一鸽投诲怀袖中，为鹰所击故也。诲感之，不食鸽。

注释：❶ 陈诲：南唐建安人，矫捷有勇力。初事闽富沙王为将，　后归南唐。　❷ 南剑：今福建南平县。　❸ 建州：今福建建瓯县。　❹ 富沙，南剑属地。

今译： 陈海喜食鸽，豢养千余只。他从南剑州长改任建州观察使。离职前一个月，鸽子已先迁往，富沙的宅第连一只都没有了。他又曾早晨升堂理事，有一只鸽子飞入怀袖中，原来是因遭受鹰的袭击。陈海很感动，从此不再吃鸽子。

75 云光寺有七圣❶画。初有少年兄弟七人，至寺闭室画之。曰："七日慎勿启门。"至六日，发其封，有七鸽飞去。西北隅未毕。画工见之曰："神笔也。"

注释： ❶ 佛经称，释迦牟尼及其先出世的六佛，为七佛，又称七圣。分别为毗婆尸、尸弃、毗舍浮、拘留孙、拘那舍、迦叶和释迦牟尼。诸经中名号微异，系转译之讹。 见《七佛经》、《法苑珠林》卷八。

今译： 云光寺有七圣图壁画。传说过去有少年兄弟七人，到寺内关起殿门作画。嘱咐说："七天之内切勿开门。"到了第六天，有人启封开门，飞出去七只鸽子，西北角的墙壁尚未画完。画工们观看后，叹为神笔。

传集按：典故出《宣室志》。

76 王丞相❶生日，巩大卿❷笼雀鸽放之。每一放，祝曰："愿相公百二十岁。"

注释： ❶ 王丞相：北宋神宗朝宰相王安石。 ❷ 巩大卿：姓巩名申，官居高位而善阿谀权贵，为人所耻笑。

今译： 王安石丞相过生日，巩大卿用放生来为丞相祝寿。每放一只关在笼中的麻雀或鸽子时，他就祝念一声："愿相公活一百二十岁。"

传集按：典故出宋人笔记《墨客挥犀》。

77 庆历中❶，夏元昊❷寇渭川❸，环庆❹副总管任福，率都监出六盘山下，与夏军遇，势不可留。都监于道旁，得数银盆❺，中有摇动声，不敢发。福至发之，乃悬哨家鸽百余。自中起，盘桓军上，于是夏兵四合。

注释： ❶ 庆历中：庆历为北宋仁宗赵祯年号，公元1041—1048年。 ❷ 夏元昊，即西夏国主李曩霄。本名文昊，宋赐姓赵氏，故亦称赵元昊。见《宋史》卷四百八十五《夏国传上》。 ❸ 渭川：为渭州之误。《夏国传上》有："庆历元年二月攻渭州"语。今甘肃平凉县。 ❹ 环庆：即环州，今甘肃环县。 ❺ 银盆：为"银泥盒"之误。见《夏国传上》。

今译： 西夏元昊攻渭州，宋军环庆总管任福率领都监出兵六盘山下，与西夏军遭遇。形势危急，不可久留。都监在道旁发现几具包银泥盒，从中发出摇动的声音。都监不敢开盒，等任福来到才把它们打开，从中飞出百余只悬哨的鸽子，在头顶上空盘旋。西夏军队闻声来到，将宋军包围起来。

传集按：典故出《宋史·夏国传上》，字句被删节，并有讹误处。此当是将鸽子用于战争的最早记录，亦是有关鸽哨的较早记载，故值得重视。

宋高宗❶好养鸽，躬自飞放，太学诸生题诗曰："万鸽盘旋绕帝都，暮收朝放费工夫。何如养取南来雁，沙漠能传二圣❷书。"高宗闻之，即命补官。

注释： ❶ 宋高宗：名赵构，徽宗第九　　　　位，南宋偏安第一帝。　　　　二宗。
　　　　子，公元 1127—1162 年在　　❷ 二圣：指被金兵虏去的徽钦

今译： 宋高宗喜欢养鸽子，亲自放飞。太学学生们写诗讽刺道："上万只鸽子在帝都上空盘旋，早晨放，傍晚收，多么费工夫呀！还不如豢养南来的鸿雁，能从北方沙漠中把两位圣上的书信传回来！"高宗听说后，命令给太学士补任官职。

魏公张浚❶，尝按视曲端❷军，以军礼相见。寂无一人，公异之。谓欲点视，端以所部五军籍进。公命点其一部，于庭间开笼，纵一鸽以往，而所点之军随至。公为愕然。既而欲尽观。于是悉纵五鸽，则五军顷刻而集。戈甲焕灿，旗帜精明。浚虽奖而心实忌之。

注释： ❶ 张浚：字德远，南宋高宗时　　　　三百六十一有传。　　　　　　其恃才凌物，取祸致死。《宋
　　　　为川陕京西诸路宣抚使，孝　　❷ 曲端：字正甫，长于兵略，　　史》卷三百六十九有传。
　　　　宗时都督江淮军马，封魏国　　　　抗西夏及金人有功。曾任宣
　　　　公，力主抗金。《宋史》卷　　　　州观察使，知渭州。史称

今译： 魏国公张浚，曾视察曲端的军队。曲端以军礼相见，但看不到士兵。张浚感到奇怪，要求点名检阅。曲端送上他所管辖的五军花名册，张浚要点名检阅其中的一部。曲端到场上开笼放出一只鸽子，被点名的军队随即来到。张浚为之惊讶不已。接着要求检阅全军，曲端把五只鸽子全部放出。顷刻之间，五军同时集合，而且武器甲胄光洁灿烂，军旗威武鲜明。张浚虽口头上予以嘉奖，但实际上心怀妒忌。

传集按：典故出《齐东野语》。有删节。

舶船发海，必养鸽。如舶没，虽数千里，亦能归其家。

今译： 船舶出海，一定要携带家中驯养的鸽子。如船遇难沉没，虽在数千里外，鸽子也能飞回家中。

传集按：典故出《国史补》、《酉阳杂俎》。

宗汝❶得一鸽，性甚灵慧，能致书千里之外。

注释： ❶ 宗汝：人名，时代事略均待考。

今译： 宗汝得到一只鸽子，非常聪明，能在千里之外把收信带回来。

传集按：典故出处不详。

82 颜子❶四十八世孙清甫❷，尝卧病。其幼子偶弹一鸽，归以供膳。于啸翎❸间得一小函，题云："家书付男郭禹。"禹乃曲阜尹也。其父自家寄至者。时禹改授远平，去鸽未及知，盘桓寻觅，盖被弹云。清甫深责其子，更取木匣，函死鸽抵禹官所，献书，且语其故。禹戚然曰："畜此鸽已十七年矣。凡有家音，虽隔数千里，亦能传致。"命左右瘗之。

注释：❶ 颜子：即孔子弟子颜回，字　　❷ 清甫：据《辍耕录》知为曲　　❸ 啸翎：鸽哨安在尾翎上，啸
　　　　子渊。《史记》卷六十七有传。　　　阜人，事略不详。　　　　　　翎当为尾翎。

今译：颜回的四十八代孙清甫，有一次生病，他的小儿子偶然用弹弓击落了一只鸽子，拿回去准备做给父亲吃。在鸽尾上发现一个小信封，上写："给儿子郭禹的家信。"郭禹是曲阜的地方官，信是他父亲从家中寄来的。此时郭禹已调往远平任职，鸽子还不知道，仍在老地方来回寻找，遂遭弹击。清甫对其子严加责备，另外拿了一个木匣，装盛死鸽，送到郭禹任职的地方，连同书信一并呈上。郭禹看了十分难过地说："我养此鸽已经有十七年了，凡有家书，虽远在数千里外，也能给送到。"叫身旁的人把鸽子好好地埋葬了。

传集按：典故出《辍耕录》。

83 宣和❶御府新藏所❷有边鸾❸《梨花鹁鸽图》、《木笔❹鹁鸽图》、《写生鹁鸽图》、《花苗鹁鸽图》。

注释：❶ 宣和：宋徽宗年号。　　　　　"今御府所藏三十有三"一　　❸ 边鸾，唐代花鸟画家，长安人。
　　　　❷ 新藏所：三字费解。《宣和　　　语，可知"新"为衍文，"藏　　❹ 木笔：一名辛夷，俗称玉兰，
　　　　　画谱》卷十五边鸾一则有：　　　所"为"所藏"之误。　　　　　又名木笔，花蕾似笔，故名。

今译：从略。

传集按：本条至条 90 易元吉条皆录自《宣和画谱》。

84 黄筌❶《海棠鹁鸽图》、《牡丹鹁鸽图》、《芍药家鸽图》、《玛瑙盆鹁鸽图》、《白鸽图》、《竹石金盆鹁鸽图》、《鹁鸽引雏雀竹图》。

注释：❶ 黄筌：五代花鸟画家，字要叔，成都人。

今译：从略。

85 黄居宝❶《桃花鹁鸽图》、《竹石金盆戏鸽图》。

注释：❶ 黄居宝：字辞玉，黄筌次子。

今译：从略。

黄居寀❶《桃花鹁鸽图》、《海棠家鸽图》、《牡丹雀鸽图》、《踯躅鹁鸽图》、《药苗引雏鸽图》、《湖石金盆鹁鸽图》。

注释：❶ 黄居寀：字伯鸾，黄筌季子。

今译：从略。

徐熙❶《牡丹鹁鸽图》、《蝉蝶鹁鸽图》、《雏鸽药苗图》、《红药石鸽图》。

注释：❶ 徐熙：南唐花鸟画家。

今译：从略。

徐崇嗣❶《牡丹鹁鸽图》、《药苗鹁鸽图》。

注释：❶ 徐崇嗣：徐熙孙，画有祖风。

今译：从略。

赵昌❶《海棠鹁鸽图》、《桃花鹁鸽图》。

注释：❶ 赵昌：宋代花鸟画家，字昌之，广汉人。

今译：从略。

易元吉❶《芍药鹁鸽图》（俱宣和画谱）。

注释：❶ 易元吉，宋代花鸟画家，字庆之，长沙人。

今译：从略。

昔萨婆达王❶，普施众生，恣其所索。天恐夺位，往而视之。帝释❷即现。命边王曰："萨婆达王，慈润滂沛，福德巍巍，惧夺吾位。"即化为鹰，边王作鸽，趣❸王足下，恐怖告曰："哀哉，大王，吾命穷矣！"王曰："莫恐，吾今活汝。"鹰寻后至，云："鸽此来，鸽是吾食，愿王见还。"王曰："鸽来逃命，终始无违。苟欲得肉，即当相与。"鹰曰："唯愿得鸽，不用余肉。"王曰："以何等物，令汝置鸽，欢喜而去？"鹰曰："若王慈惠，悯众生者，割王肥肉而以易鸽，吾当欣受。"王乃大喜，自割髀肉，对鸽称之，令与鸽等。鸽之愈重，割身肉尽，故未能敌，疮痛无量。王以慈忍，又命近臣曰："杀我称髓，令与鸽等。吾奉佛戒，济众危厄，虽有众恼，由如微风，焉能动太山耶！"鹰复本身，稽首问曰："大王何志，苦恼若兹？"曰："吾不志天帝释及飞行皇帝；吾观众生，没于盲冥❹，誓愿求佛，救度彼众。"帝释惊曰："我谓大王欲夺吾位，是以相试。"王曰："使我身疮瘢复如旧，志常布施。"天药傅之，疮瘢顿愈。稽首绕王三匝，欢喜而去。（度无极经）

注释：
❶ 萨婆达王：又译阎浮提王，古印度国王，统领八万四千小国。
❷ 帝释：又称帝释天。佛教护法神之一。梵文音译名为释迦提桓因陀罗。在古老的印度经典中，他是印度教的天神之首。
❸ 趣：同趋，赴也。
❹ 没于盲冥：谓芸芸众生，冥顽不灵，死于愚昧无知。

今译：古时候有个萨婆达王，向众生施舍，满足他们任何索取。天帝恐怕他会夺自己的王位，前往观看。于是天帝现身，并告诉边王说："萨婆达王对众生广施恩泽，福德很大，我恐怕他会夺走我的王位。"因而命边王化身为鸽，自己化身为鹰，一起来到萨婆达王身前。鸽子恐怖地哀告："我命休矣！"王说："别害怕，我可以救你。"鹰随即出现，声称："鸽子是我的食物，请王还给我。"王说："鸽来逃命，我不会违反救它的许诺，你如要鸽，我可以用别的肉偿还给你。"鹰说："我只要鸽子，不要别的肉。"王说："我能用什么肉替换鸽子并使你满意呢？"鹰说："假如你真是大慈大悲，怜悯众生，那么请你割自己身上的肉，换下鸽子，我当欣然接受。"王大喜，自割大腿上的肉，重量要与鸽相等。不料鸽子越来越重，把身上的肉都割完，还是抵不上鸽子的重量。尽管王已遍体伤痍，还忍痛命令近臣："把我杀了，连骨髓一同称上，使与鸽子同重。我既已奉佛戒，立志普救众生，即使有许多苦痛，也不过像微风吹过而已，怎能动摇我坚如太山的意志呢！"这时鹰忽然现出本身，向王行稽首礼，并问道："大王究竟立了什么志愿，如此甘心受苦受难？"王道："我根本无意称王称帝，只是怜悯芸芸众生，在愚昧无知中冥顽不灵地消逝，所以下决心求佛，普度众生。"天帝大惊地说："我原以为你要夺我的王位，所以进行试探。"王说："如能使我的遍体伤痍恢复如初，我当立志永远布施下去。"天帝乃用神药为王敷上，顿时痊愈。他又稽首，绕萨婆达王转三匝后，欢喜而去。（典故出《度无极经》）

92　钵❶有三色：孔雀色、鸽色、咽色❷。（咽殷同。禅考。）

注释：
❶ 钵：僧人的食具。
❷ 咽色：咽同殷。读 yān，不读 yīn。黑红色。《左传·成公二年》："左轮朱殷。"杜预注："殷，音近烟，令人谓赤黑色为殷色。"

今译：钵有三种颜色：孔雀色、鸽色、黑红色。（典故出《禅考》）

传集按：所谓孔雀色，可能指绿色，鸽色，可能指白色，对否待考。

93　沧州东光县宝观寺，有苍鹘集重阁。阁有鸽数千，冬日鹘每夕辄取一鸽以暖足，至晓放之而不杀。自余鹰鹞不敢侵焉。（辟寒录）

今译：沧州东光县宝观寺，有鹰鹘集居在高层的楼阁上。阁上有几千只鸽子，冬日，鹰鹘每天晚上都要抓一只鸽子来暖足，次晨释放，不加杀害。其他的鹰鹞就不敢再来侵

犯鸽子。（典故出《辟寒录》）

传集按：上说与情理不合，恐观察有误，不可信。

94 鲁猎者，能以计得狐。设竹窜❶茂林。缚❷鸽于窜中，而敞其户。猎者叠树叶为衣，栖于树，以索系机。俟狐入取鸽辄引索闭窜，遂得狐。一夕月微朗，有老翁幅巾缟裳，支一筇，伛偻而来，且行且詈曰："何仇而掩取我子孙殆尽也。"猎初以为人，至窜所，徘徊久之，月堕而暝❸，乃亦入取鸽，亟引索闭窜，则一白氄老狐也。制为裘，比常倍温。（同上）

注释：　❶ 窜：阱的异体字，即陷阱。　❸ 暝：为"暝"之误。天明前　　　堕而暝"正指此时刻。
　　　　❷ 缚：为"缚"之误。　　　月落，顿时进入黑暗。"月

今译：山东有一个猎人，能用巧计捉到狐狸。在茂密的树林中，用竹子做成陷阱，敞着阱口，把鸽子捆绑在其中。猎人以树叶为衣，隐藏在树上，用绳索一头拴连着机关。等狐狸进入，拉绳关闭阱口，便可将狐狸捉住。一夜月亮微明，有老翁戴着头巾，身穿白衣，手拄拐杖，弯着腰走过来。边走边骂："你们跟我有多大的仇恨，竟把我的子孙捕杀殆尽！"猎人本以为他是人。待他到陷阱旁，来回走了好久，等月落天黑，竟也入阱取鸽。猎人急忙拉绳关闭阱口，捉住的原来是一头白毛老狐狸。后来把狐皮制成衣服，比一般狐裘温暖得多。（典故同上出《辟寒录》）

95 南昌信果观有三官❶殿，夹纻❷塑像，乃唐明皇时所作，体制妙绝。常患雀鸽粪秽其上，道士厉归真❸乃画一鹞于壁间，自是雀鸽无复栖止。（图画见闻志）

注释：　❶ 三官：道教所奉的神。天官、　即用苎麻及漆作治的塑像，　❸ 厉归真：后梁时人，善画牛
　　　　　地官、水官三帝的合称。　中空体轻，南北朝至唐宋　　马，兼工翎毛。
　　　　❷ 夹纻：乃"夹纻"之误。　时期盛行。

今译：南昌信果观有三官殿，殿中的三官像是唐明皇时的作品，体制绝妙。但神像时常遭到鸟雀鹁鸽粪便的污染，深以为患。道士厉归真于是在墙壁上画一只鹞鹰，从此雀鸽不敢再在殿内栖息。（典故出《图画见闻志》）

96 薛绍彭❶道祖，有花下一金盆，盆旁鹁鸽，谓之金盆鹁鸽。（画史）

注释：　❶ 薛绍彭：字道祖，善书画，与米芾同时。

今译：薛绍彭画过一幅画，花下有金盆，盆旁有鹁鸽，名曰《金盆鹁鸽图》。（典故出《画史》）

鸟之中，惟鸽性最驯，人家多爱蓄之。每放，数十里或百里外，皆能自返，亦能为人传书，昔人谓之飞奴。一友言，家有老仆，正统❶间尝以事往淮阳❷。一日，大风雨，有鸽坠逆旅主人屋上，困甚。主人将取烹之，见其足系书一封，裹以油纸，视其封，盖此鸽自京师来，才三日耳。主人怜之，不敢启封，干其羽毛，纵使飞去。（畜德录）

注释： ❶ 正统：明英宗年号，公元　　 ❷ 淮阳：今河南淮阳县。
　　　　1436—1449 年。

今译： 禽鸟之中，只有鸽子性情最为温驯，故人家多爱饲养。每次放飞，虽远在数十里或百里以外，都会自己飞回家，同时还能为人传书，所以古称之曰"飞奴"。有位朋友讲起家有老仆，正统年间因事去淮阳，一天风雨交加，有只鸽子坠落在旅店房上，已经十分疲乏。店主人捉到后准备烹而食之，忽然发现足上系着一封信，外面还裹着油纸，看信封才知道鸽子是从京师飞来的，只用了三天时间。主人十分怜悯这只鸽子，不敢打开信封，而让鸽子晒干羽毛，放它飞去。（典故出《畜德录》）

赋诗

传集按：此为《鸽经》第六章，辑录与鸽有关的赋及诗词。

赋

惟中国之珍禽❶，有兹羽之殊质。貌皦皦❷而自分，性温然其如一。秋则篱菊并丽于浔阳❸，春则木药❹均华于洛室❺，指未易屈，谱不能悉。尔乃玉嘴朱眸，危冠卑趾。或冰质而彩其双翅，或雪毛而黔其首尾，或若汉绣之就机，或若商彝之出水。山鸡莫调，家雉无文，尔独驯狎，云锦成群。饥而儿女之昵昵，饱矣童稚之欣欣。方捐心以委质，忽耸身而入云。舒徐兮停霞之碎剪，慓疾兮奔星之叠发。忽天乐之镪铙，知传❻铃于尻末❼。始顺风而扬声，奈回飙之错节。若夫昂首耸肩，周旋中规，婉态柔音，逐雄媚雌，无别羞惭乎匹鸳，滔滔❽少愧乎关雎。然而知足知止，毋乃天机。当抱卵之绵绵，若返听乎玄府❾。怜弱雏之艰食，更呕哺而不辞苦。感主人之微禄，曰❿彷徨兮未忍去。嗟德曜⓫之肥丑⓬，恐终罹⓭乎鼎俎。彼夫好水之败⓮，以为尔罪。端阳之射⓯，与器俱碎。霜风冽野，鹰隼方厉，托慈荫于佛日，指招提而趋避。曷若狂夫衽铁⓰，思妇流黄⓱，辽阳一信，为致君傍。辞⓲曰：洛中黄耳⓳为日长，上林鹰素⓴竟茫茫。不辞天衢远，衔恩酬稻粱㉑。（王世贞。辞当作乱。）

注释： ❶ 惟中国之珍禽：此为《驯鸽赋》之首句。赋首尾无赋名，仅注明作者为王世贞。据《弇州山人四部续稿》卷一知为《驯鸽赋》。赋前有小序："余有驯鸽数十头，颇极美丽，飞雏循性，饮啄得所，聊为赋之。"王世贞字元美，号凤洲，嘉靖进士，文学大家。《明史》卷二百八十七有传。

❷ 皦皦：洁白貌，与皎皎意思相同。

❸ 浔阳：今江西九江

❹ 木药：即木芍药。牡丹初名木芍药。

❺ 洛室：即洛阳。

❻ 传：《弇州山人续稿》作"傅"。恐误。

❼ 尻末：脊骨末端曰尻。此处指鸽子的尾部。

❽ 滔滔：《弇州山人续稿》作"慆滔"。"滔"应写作"淫"。长期欢乐的意思。

❾ 玄府：与外界隔绝的地方。此处指孵卵的鸽巢，在此可以专心致志育雏，不受外界干扰。

❿ 曰：为"日"之误。《弇州山人续稿》作"日"。《檀几丛书》误作"日"。

⓫ 德曜：梁鸿妻孟光的字。见《后汉书》卷一百一十三《梁鸿传》。

⓬ 肥丑：指孟光。同上《梁鸿传》："孟氏有又女状肥丑而黑。"

⓭ 罹：《弇州山人续稿》误作"罗"。

⓮ 好水之败：指北宋庆历元年，在好水川与西夏交战，宋军环庆副总管任福，开笼放出悬哨之鸽，导致全军覆没的一次战争。见条77。

⓯ 端阳之射：《偃曝谈余》："北人以鹁鸽贮葫芦中，悬之柳上，弯弓射之，矢中葫芦，鸽辄飞出，以飞之高下为胜负。往往会于清明、端午日；名曰'射柳'。"

⓰ 狂夫衽铁：指穿铁甲的边防战士。清王夫之《四书稗疏·中庸》："衽金革，言以金、革为襟。盖谓甲耳……战士之服也。"

⓱ 思妇流黄：指在家中织绢的战士妻子。古乐府《相逢行》："大妇织绮罗，中妇织流黄。"流黄为黄色的绢。

⓲ 辞：为"乱"之误。乱是辞赋篇末总括全篇要旨的话。

⓳ 洛中黄耳：《晋书》卷五十四《陆机传》："陆机有犬名黄耳，甚爱之。后仕洛，久无家问，因戏语犬曰：'我家绝无书信，汝能赍书驰取消息否？'犬摇尾作声应之。机试为书，盛以竹筒，系犬颈。犬走向吴，遂至其家，得报还洛。其后因以为常。"后即以"黄耳"喻指信使。

⓴ 上林鹰素：《檀几丛书》本误"雁"为鹰。素，白色生绢。古人用绢帛书写，故亦以素为信件的代称。汉武帝天汉元年，苏武出使匈奴，单于欲其降，武坚贞不屈，持汉节牧羊于北海畔十九年。昭帝即位后，匈奴与汉和亲，汉求苏武等归，匈奴诡言武死。常惠教使者谓单于，言天子射上林中，得雁，足有系帛书，言武等在某泽中。单于惊，谢汉使曰："武等实在。"武乃得归。《汉书》卷五十四有《苏武传》。

㉑ 梁：为"粱"之误。

今译： 只有中国的珍禽，才有这样特殊的羽毛。它花色洁净分明，性情无不安详温顺。秋天可以和浔阳的篱菊媲美，春天又与洛阳的牡丹争艳。品种甚繁，屈指无法数清，谱录亦难备载。请看它嘴如白玉，眼似朱砂，高高的凤头，矮矮的腿脚。有的全身雪白而两翅长着彩翎，有的中部皎白而头尾黝黑。有的灿烂如织机上的汉代丝绣，有的斑驳似新出水的商代鼎彝。山鸡唱不出你那和谐的鸣声，家鸡长不出你那美丽的羽毛。惟独你驯熟可亲，成群结队，绚丽如大片云锦。饥饿时像小儿女那样亲昵依人，吃饱了像儿童那样欢喜高兴。方才还一心一意地贴近人，突然又耸身飞起，高入云端。慢飞时像剪碎了的彩霞徐徐飘过，急飞时又如流星般迅疾迸发。忽然听到铿锵的钧天妙乐，知道有鸽哨系到尾翎之上。开始时随风而扬声，待风向转变又换了音节。它也常昂着头，耸着肩，圈儿转得那样匀整，婉约的姿态，柔和的鸣声，雌的在雄后追随，雄的向雌的献媚。比鸳鸯的终身匹配，比雎鸠的亲爱不渝，都相差无几。而鸽子之容易知足，可算是天然的赋予。每当它日夜孵卵，不惜把自己隐闭在黑暗之地。怜幼雏的进食艰难，更不辞吐出食来哺喂。主人所给与的粮食尽管不多，还是衷心感激而不忍离去。叹遇到孟光给梁鸿举案进食，还难免遭宰杀而成了盘中美味。昔年好水川之败，任福战死，系哨之鸽成了祸首。端阳"射柳"，一箭中的，你与葫芦，都被射碎。当寒风吹过田野，鹰隼十分暴虐，依托佛力的庇护，免遭祸殃飞到寺院去躲避。倘若有身穿铁甲的边防战士，和在闺中织绢的妻房，你何不为他们把辽阳的家信，捎带到思妇的身旁。乱曰：用黄耳传书到洛阳需要时日，上林苑的鸿雁传书更是事属渺茫。只有你不顾天高路远将信送到，借以报答主人的稻粱。

诗

影尽归依鸽，餐迎守护龙。（徐孝克❶）

注释：❶ 徐孝克，梁太清中任太学博　东宫讲《礼》《传》。《陈书》　《仰同今君摄栖霞寺山房夜
　　　　士。后入陈，陈亡入隋，侍　卷二十六有传。诗句摘自　坐六韵》。

今译：日落黄昏鸽子飞回，寺中斋饭有龙守护。

鱼惯斋时分净食，鸽能闲处傍禅床。（皮日休❶）

注释：❶ 皮日休：唐代诗人。襄阳人，　诗集，诗句摘自《奉和鲁望
　　　　字袭美，有《皮子文薮》及　同游北禅院》。

今译：斋饭时，池中鱼儿来分享米饭已成为习惯。闲暇时，禅床旁的鸽子，偏能来和僧
　　　人做伴。

往有写经僧，舟静心精专。感彼云外鸽，群飞何翩翩。来添研中水，
去吸岩底泉。（李青莲❶）

注释：❶ 李青莲，即唐代大诗人李白。　上诗不见《李太白集》及《全　翼辑《山堂肆考》录引，题
　　　　《唐书》卷一百九十下有传。　唐诗·李白卷》。当从彭大　为《游悟真寺》。

今译：过去有个写经僧，在安静的舟中专诚地抄写。看见在云外飞翔的鸽群，飞得那样的
　　　快疾轻盈。它为了给石砚添水，飞到岩底去吸清澈的流泉。

还见窗中鸽，日暮绕庭飞。（韦苏州❶）

注释：❶ 韦苏州：即唐诗人韦应物。　书》卷二百零一有传。诗句
　　　　贞元时任苏州刺史，《新唐　摘自《周德精舍旧居伤怀》。

今译：从窗中可以看到的鸽子，还是和过去一样傍晚在庭院中围绕飞翔。

候禅青鸽乳，窥讲白猿参。（沈佺期❶）

注释：❶ 沈佺期：唐代诗人，字云卿。　诗句摘自《九真山净居寺谒
　　　　《唐书》卷一百九十有传。　无碍上人》。

今译： 在等待参禅的时候，看到青灰色的鸽子正在哺乳幼雏。高僧讲经，白猿前来窥听，竟也能参悟佛法。

107 石镜❶山精怯，禅枝❷怖鸽栖。（孟浩然❸）

注释：
❶ 石镜：如镜的山石。《水经注·庐江水》："山东有石镜，照水之所出。有一圆石，悬崖明净，照见人形，晨光初散，则延曜入石，毫细必察，故名石镜焉。"

❷ 禅枝：禅堂周围的树木。杜甫诗："禅枝宿众鸟。"

❸ 孟浩然：唐代诗人，襄阳人，世称孟襄阳。《唐书》卷一百九十有传。诗句摘自《夜泊庐江闻故人在东林寺以诗寄之》。

今译： 石镜的照耀，能使山精畏怯。禅寺的林木，可供受惊的鸽子飞来栖息。

108 入禅从鸽绕，说法有龙听。（宋之问❶）

注释： ❶ 宋之问：唐代诗人，字延清。《唐书》卷一百九十有传。诗句摘自《游云门寺》。

今译： 参禅入定，不受外界干扰，何妨任鸽子围身盘绕。高僧说法，龙也会前来聆听。

109 孤来有野鸽，嘴眼肖春鸠。饥肠欲得食，立我南屋头。我见如不见，夜去向何求。一日偶出群，盘桓恣喜❶游。谁惜风铃响，朝朝❷声不休。饥色犹未改，翻翅如我仇❸。炳❹哉有灵凤，夭折❺为尔俦，翕❻翼处其间，顾我独迟留❼。（梅圣俞❽）

注释：
❶ 喜：为"嬉"之误。《檀几丛书》本作"喜"，《宛陵先生集》卷二十八（四部丛刊本）作"嬉"。

❷ 朝：为"夕"之误。《檀几丛书》本作"朝"，《宛陵先生集》作"夕"。

❸ 仇：匹配、同伴之意。三国魏曹植《浮萍篇》："结发辞严亲，来为君子仇。"

❹ 炳：光明华美。

❺ 夭折：为"天抑"之误。《宛陵先生集》作"天抑"。

❻ 翕：收拢、合起之意。

❼ 据《宛陵先生集》原诗末尾有四句被删："凤至吾道行，凤去吾道休。鸽乎何所为？勿污吾铛瓯。"凤喻圣贤有德者。《论语·微子》："凤兮，凤兮，何德之衰也。"

❽ 梅圣俞：宋代诗人，名尧臣，与欧阳修为诗友。《宋史》卷四百四十三有传。

今译： 独自飞来一只野鸽，嘴眼像春天的斑鸠。腹内空空想得到食物，站立在我南屋的上头。我见它如同未见，不知入夜又求向何方？一天它偶然离群，到处恣意盘旋飞翔。有谁爱听那风铃的声音，朝朝响个不停。它那饥色尚未少改，上下翻飞像要和我做伴。真华丽呀那通灵的彩凤，天意怎能让你成为他的侣俦。你为什么揿着翅膀处在其间，看着我不肯离去。

传集按：被删四句试译为：灵凤出现，吾道兴旺，灵凤隐去，吾道休止。野鸽你究竟要干什么？别到这里弄脏了我的锅碗食具。末四句显然是对野鸽厌恶之辞，与《鸽经》尚鸽之旨相违，当因此而被删去。按此诗梅圣俞乃借有鸽无凤，喻圣人不出，吾道衰微，乃刺时之作。

110　去年柳絮飞时节，记得金笼放雪衣。(苏东坡❶)

注释：　❶ 苏东坡：苏轼，号东坡，宋　　　三百三十八有传。诗句摘自　　　五首中的第二首。诗末自注：
　　　　　　代大文学家。《宋史》卷　　　　《常润道中有怀钱塘寄述古》　　　"杭人以放鸽为太守寿。"

今译：　记得去年飞柳絮的时节，打开金色的笼子放生，让雪白的鸽子飞去。

111　豪家富屋托幽栖，凡鸟纷纷似尔稀。日影跃翻金眼目，花纹妆点锦毛
　　　衣。将雏几见成群去，引类犹能识主归。莫为佳宾充味品，四时共玩
　　　近庭闱。(顾潜庵❶)

注释：　❶ 顾潜庵：时代及事略待考。

今译：　豪富之家的房屋供栖息，众多的凡鸟，能如你的太少了。日光照耀着金黄的眼睛，
　　　　花纹点缀着锦绣般的羽毛。哺成的幼雏几次成群飞去，还有把同类引到主人那里来。
　　　　千万莫将它烹成佳肴享宾客，要留在庭院中，供人们四时观赏。

112　陇头池冻闲牛铎，天向无风响鸽铃。(朱孝廉❶)

注释：　❶ 朱孝廉：时代、事略待考。　　　代。被推选出来的孝悌、廉　　　称孝廉。
　　　　　　孝悌和廉洁，分别为封建时　　　洁之士，曰"孝廉"，成为
　　　　　　代选拔人才的科目，始于汉　　　一种称号。明清两代举人又

今译：　田陇尚未解冻，听不到耕牛的铃铎声。天空晴朗无风，却传来鸽哨的音响。

113　清风习习铃犹响，晓日迟迟翅愈轻。(朱孝廉)

今译：　在习习的清风中，不断传来鸽铃的音响，在缓缓升起的旭日中，显得翅膀更加轻盈。

114　词

115　晴鸽试铃风力软，雏莺弄舌春寒薄。(张子野❶)

注释：　❶ 张子野：张先，字子野，乌程人，宋词家。有《安陆集》。词句摘自满江红《初春》。

今译：　和风丽日的晴空，鸽子开始系哨飞翔，春寒料峭的时节，初长成的黄莺调试歌喉。

《鸽经》注释、今译作于十余年前，1986—1987 年经成都《鸽友》杂志连载。此次据旧作重新编写。交稿前曾就正于王世襄先生。不仅在文字上作了修改、补充，并注鸽谱图号，不啻为《鸽经》增加了图式，诚属创举。谨此志谢。

赵传集 1998 年 2 月

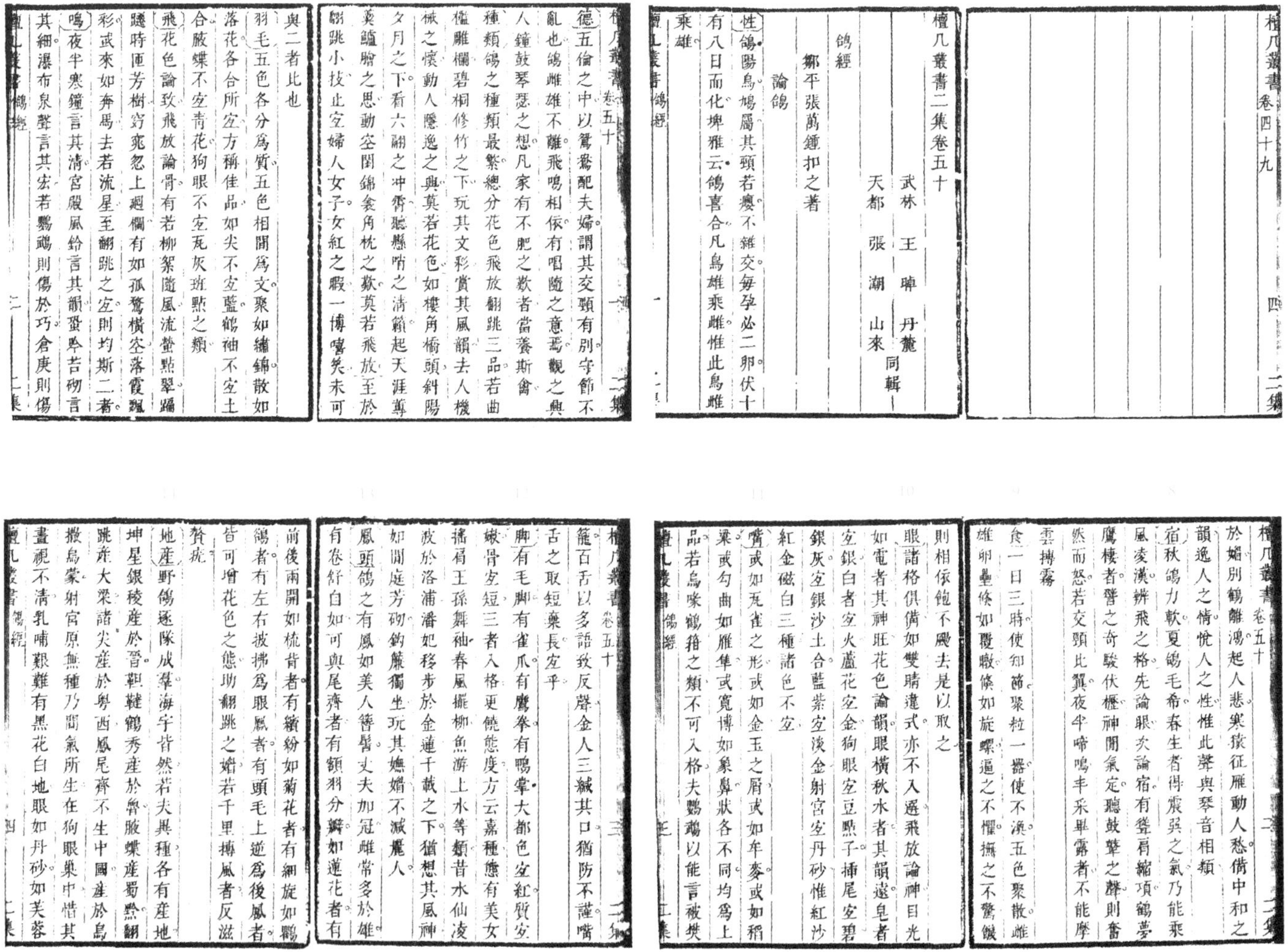

檀几叢書 卷四十九 四 二集

檀几叢書二集卷五十

武林 王晫 丹麓
天都 張潮 山來 同輯

鴿經

鄴平張萬鍾扣之著

論鴿

性 鴿鷃鳥鳩屬其頸若癭不雜交每孕必二卵伏十有八日而化埤雅云鴿喜合凡鳥雄乘雌惟此鳥雌乘雄

檀几叢書 鴿經 一 二集

檀几叢書 卷五十

德 五倫之中以鴛鴦配夫婦謂其交頸有別守節不亂也鴿雌雄不離飛鳴相依有唱隨之意焉觀之興人鐘鼓琴瑟之想凡家有不肥之歎者當養斯禽

種類 鴿之種類最繁總分花色飛放翻跳三品若曲檻雕欄碧桐修竹之下玩其文彩賞其風韻去人機械之懷動人隱逸之興莫若花色如樓角橋頭斜陽夕月之下看六翮之冲霄聽懸哨之清籟起天涯蓴羹鱸膾之思動空閨錦衾角枕之歎莫若飛放至於翻跳小技止宜婦人女子女紅之暇一博嘻笑未可與二者比也

羽毛 五色各分為質五色相間為文聚如繡錦散如落花各合所宜方稱佳品如尖不宜藍鶴袖不宜土合腋蝶不宜青花狗眼不宜瓦灰班點之類

飛 花色論致飛放論骨有若柳絮隨風流螢點翠躍蹊時匝芳樹穹窕忽上迴欄有如孤鶩橫空落霞飄彩或來如奔馬去若流星至翻跳之宜則均斯二者

鳴 夜半寒鐘言其清宮殿風鈴言其韻蛩吟苦砌言其細瀑布泉聲言其宏若鸚鵡則傷於巧倉庚則傷

檀几叢書 鴿經 二 二集

檀几叢書 卷五十

於媚別鶴離鴻起人悲寒猿征雁動人愁備中和之韻逸人之情悅人之性惟此聲與琴音相類

宿 秋鴿力軟夏鴿毛希春生者得震巽之氣乃能乘風凌漢擀飛之格先論眼次論宿有聳肩縮項鶴夢鷹棲者譬之奇駿伏櫪神閑氣定聽鼓鼙之聲則奮然而怒若交頸比翼夜半啼鳴丰采畢露者不能摩雲搏霧

食 一日三時使知節聚粒一器使不渙五色聚散雌雄卵壘倏如覆巢(?)倏如旋螺逼之不懼撫之不驚饑則相依飽不颺去是以取之

眼 諸格俱備如雙睛遺式亦不入選飛放論神目光如電者其神旺花色論韻眼橫秋水者其韻遠皂者宜銀白者宜火蘆花宜金狗眼宜豆點子插尾宜碧銀灰宜銀沙土合藍紫宜淡金射宮宜丹砂惟紅沙紅金磁白三種諸色不宜

嘴 或如瓦雀之形或如金玉之屑或如牟麥或如稻粱或勾曲如雁隼或寬博如象鼻狀各不同均為上品若烏喙鶴揷(?)之類不可入格夫鸚鵡以能言被樊

檀几叢書 鴿經 三 二集

檀几叢書 卷五十

籠百舌以多語致反聲金人三緘其口猶防不謹嘴舌之取短棄長宜乎

腳 有毛腳有雀爪有鷹拳有鴨掌大都色宜紅質宜嫩骨宜短三者入格更饒態度方云嘉種應有美女搖肩王孫舞袖春風擺柳魚游上水等類昔水仙凌波於洛浦潘妃移步於金蓮千載之下猶想其風神如閒庭芳砌鈎簾獨坐玩其嫵媚不減麗人

鳳頭 鴿之有鳳如美人簪髻丈夫加冠雌常多於雄有卷舒自如可與尾齊者有額羽分瓣如蓮花者有前後兩開如梳背者有繽紛如菊花者有細旋如鶻鴿者有左右披拂為眼鳳者有頭毛上逆為後鳳者皆可增花色之態助翻跳之媚若千里搏風者反滋贅疣

地產 野鴿逐隊成羣海宇皆然若夫異種各有產地坤星銀稜產於晉鞾鞋鶴秀產於魯腋蝶產蜀黔翻跳產大梁諸尖產於粵西鳳尾齊不生中國產於烏撒烏蒙射宮原無種乃間氣所生在狗眼巢中惜其畫視不清乳哺艱難有黑花白地眼如丹砂如芙蓉

檀几叢書 鴿經 四 二集

附录：影印《鸽经》，康熙刊《檀几丛书》本

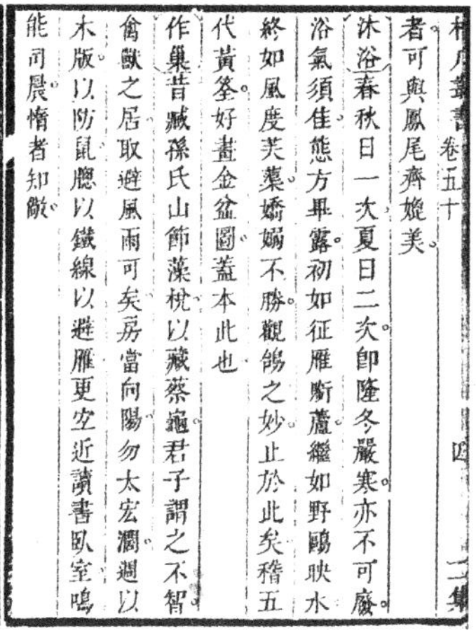

檀几叢書卷五十　四　二集

者可與鳳尾齊媲美。
15 沐浴 春秋日一次。夏日二次。即隆冬嚴寒。亦不可廢。
浴氣須佳。態方畢露。初如征雁斷蘆。繼如野鷗映水。
終如風度芙蕖。嬌嫋不勝。觀鴿之妙。止於此矣。稽五
代黃筌。好畫金盆圖。蓋本此也
16 作巢 昔臧孫氏山節藻梲。以藏蔡龜。君子謂之不智。
禽獸之居。取避風雨可矣。房當向陽。勿太宏濶。迴以
木版。以防鼠態。以鐵線以避雁。更宜近讀書臥室。鳴
能司晨。惰者知儆。

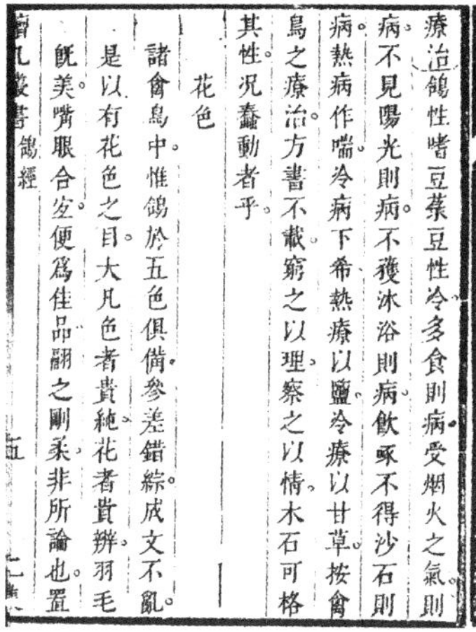

17 療治 鴿性嗜豆菽。豆性冷。多食則病。受烟火之氣則
病。不見陽光則病。不獲沐浴則病。飲啄不得沙石則
病。熱病作喘。冷病下希。熱療以鹽。冷療以甘草。按禽
鳥之療治。方書不載。窮之以理。察之以情。木石可格
其性。況蠢動者乎。
18 花色
諸禽鳥中。惟鴿於五色俱備。參差錯綜。成文不亂。
是以有花色之目。大凡色者貴純。花者貴辨。羽毛
既美。嘴眼合宜。便爲佳品。翻之剛柔。非所論也。置

檀几叢書　鴿經　五　二集

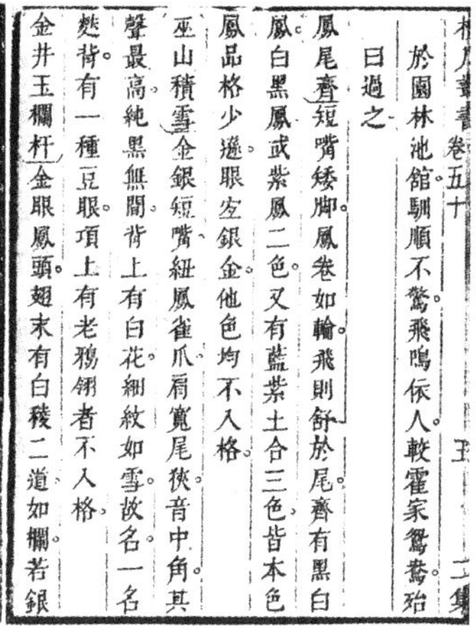

檀几叢書卷五十　二集

於園林池館。馴順不驚。飛鳴依人。較霍家鴛鴦。殆
曰過之。
19 鳳尾齊 短嘴矮脚。鳳卷如輪。飛則舒於尾齊。有黑白
鳳。白黑鳳。武紫鳳二色。又有藍紫土合三色。皆本色
鳳。品格少遜。眼宜銀金。他色均不入格。
20 巫山積雪 金銀短嘴。紐鳳雀爪。肩寬尾狹。音中角。其
聲最高。純黑無間。背上有白花細紋如雪。故名。一名
麩背。有一種豆眼。項上有老鴉翎者。不入格。
21 金井玉欄杆 金眼鳳頭。翅末有白稜二道如欄。若銀

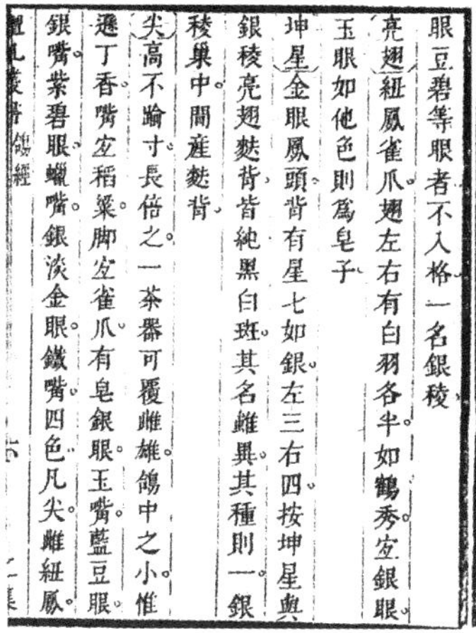

眼豆碧等眼者。不入格。一名銀稜。
22 亮翅 紐鳳雀爪。翅左右有白羽各半。如鶴秀。宜銀眼
玉眼。如他色則爲皂子。
23 坤星 金眼鳳頭。背有星七。如銀左三右四。按坤星與
銀稜亮翅麩背。皆純黑白斑。其名雖異。其種則一。銀
稜巢中。間産麩背。
24 尖 高不踰寸。長倍之。一茶器可覆。雌雄鴿中之小。惟
邋丁香嘴。宜稻粱。脚宜雀爪。有皂銀眼玉嘴。藍豆眼
銀嘴。紫碧眼蠟嘴。銀淡金眼鐵嘴。四色。凡尖雌紐鳳。

檀几叢書　鴿經　六　二集

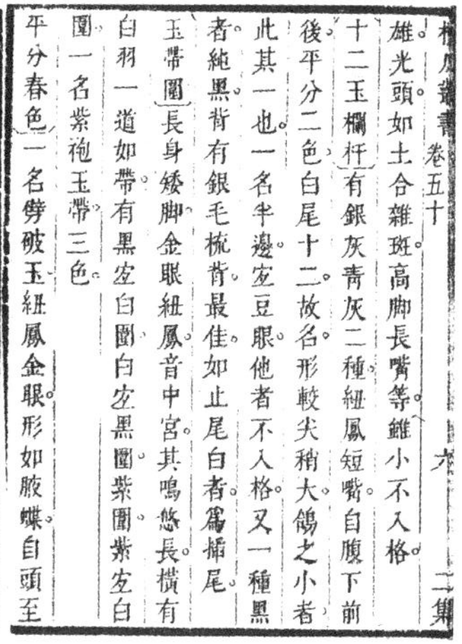

檀几叢書卷五十　六　二集

雄光頭。如土合雜斑。高脚長嘴等。雖小不入格。
25 十二玉欄杆 有銀灰青灰二種。紐鳳短嘴。自腹下前
後。平分二色。白尾十二。故名。形較尖稍大。鴿之小者。
此其一也。一名牛邊。宜豆眼。他者不入格。又一種黑
者。純黑背有銀毛。梳背最佳。如止尾白者。爲掃尾。
26 玉帶圍 長身矮脚。金眼紐鳳。音中宮。其鳴悠長。橫有
白羽一道如帶。有黑宜白圍。白宜黑圍。紫圍紫宜白
圍。一名紫袍玉帶。三色。
27 平分春色 一名劈破玉。紐鳳金眼。形如胺蝶。自頭至

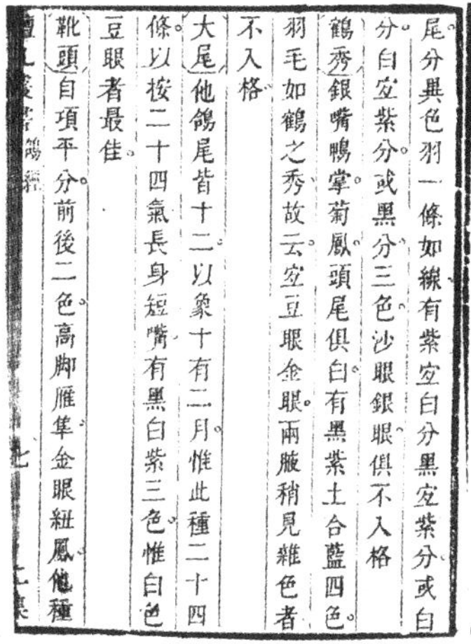

尾。分異色羽一條如線。有紫宜白分。黑宜紫分。或白
分。白宜紫分。或黑分。三色。沙眼銀眼。俱不入格。
28 鶴秀 銀嘴鴨掌。菊鳳頭尾俱白。有黑紫土合藍四色。
羽毛如鶴之秀。故云。宜豆眼金眼。兩脇稍見雜色者
不入格。
29 大尾 他鴿尾皆十二。以象十有二月。惟此種二十四
條。以按二十四氣。長身短嘴。有黑白紫三色。惟白色
豆眼者最佳。
30 靴頭 自項平分前後二色。高脚雁隼。金眼紐鳳。他種

檀几叢書　鴿經　七　二集

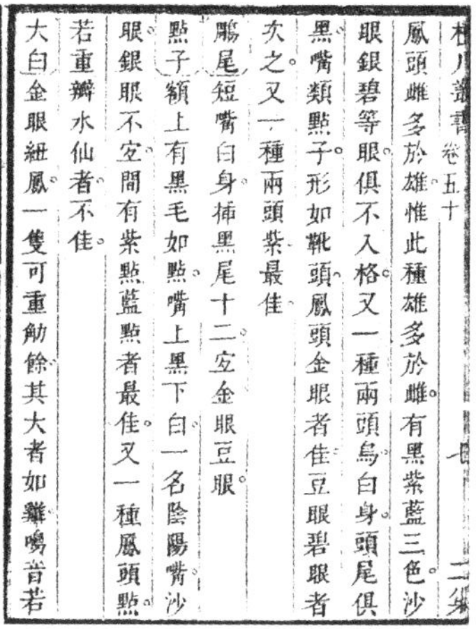

檀几叢書卷五十　七　二集

鳳頭雌多於雄。惟此種雄多於雌。有黑紫藍三色。沙
眼銀碧等眼。俱不入格。又一種兩頭烏。白身。頭尾俱
黑。嘴類點子。形如靴頭。鳳頭金眼者佳。豆眼碧眼者
次之。又一種兩頭紫。最佳。
31 鴟尾 短嘴白身。插黑尾十二。宜金眼豆眼。
32 點子 額上有黑毛如點。嘴上黑下白。一名陰陽嘴。沙
眼銀眼不宜。間有紫點藍點者最佳。又一種鳳頭點。
若重瓣水仙者。不佳。
33 大白 金眼紐鳳。一隻可重觔餘。其大者如雞。嚶音若

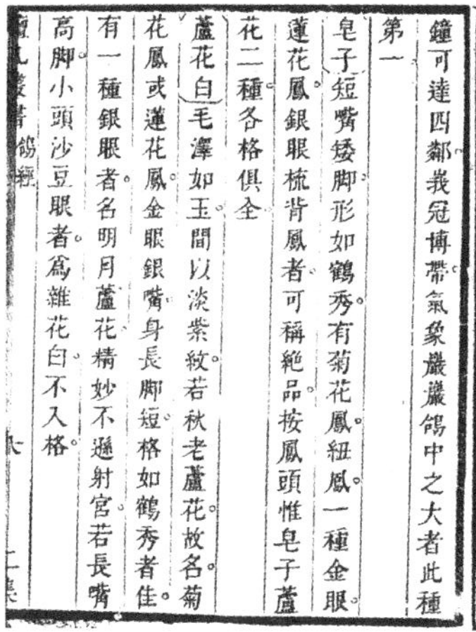

鐘。可達四鄰。峩冠博帶。氣象巖巖。鴿中之大者。此種
第一。
34 皂子 短嘴矮脚。形如鶴秀。有菊花鳳。紐鳳。一種金眼
蓮花鳳。銀眼梳背鳳者。可稱絕品。按鳳頭惟皂子蘆
花二種。各格俱全。
35 蘆花白 毛澤如玉。間以淡紫紋。若秋老蘆花。故名。菊
花鳳或蓮花鳳。金眼銀嘴。身長脚短。格如鶴秀者佳。
有一種銀眼者。名明月蘆花。精妙不遜射宮。若長嘴
高脚小頭。沙豆眼者。爲雜花白。不入格。

檀几叢書　鴿經　八　二集

附录：影印《鸽经》，康熙刊《檀几丛书》本

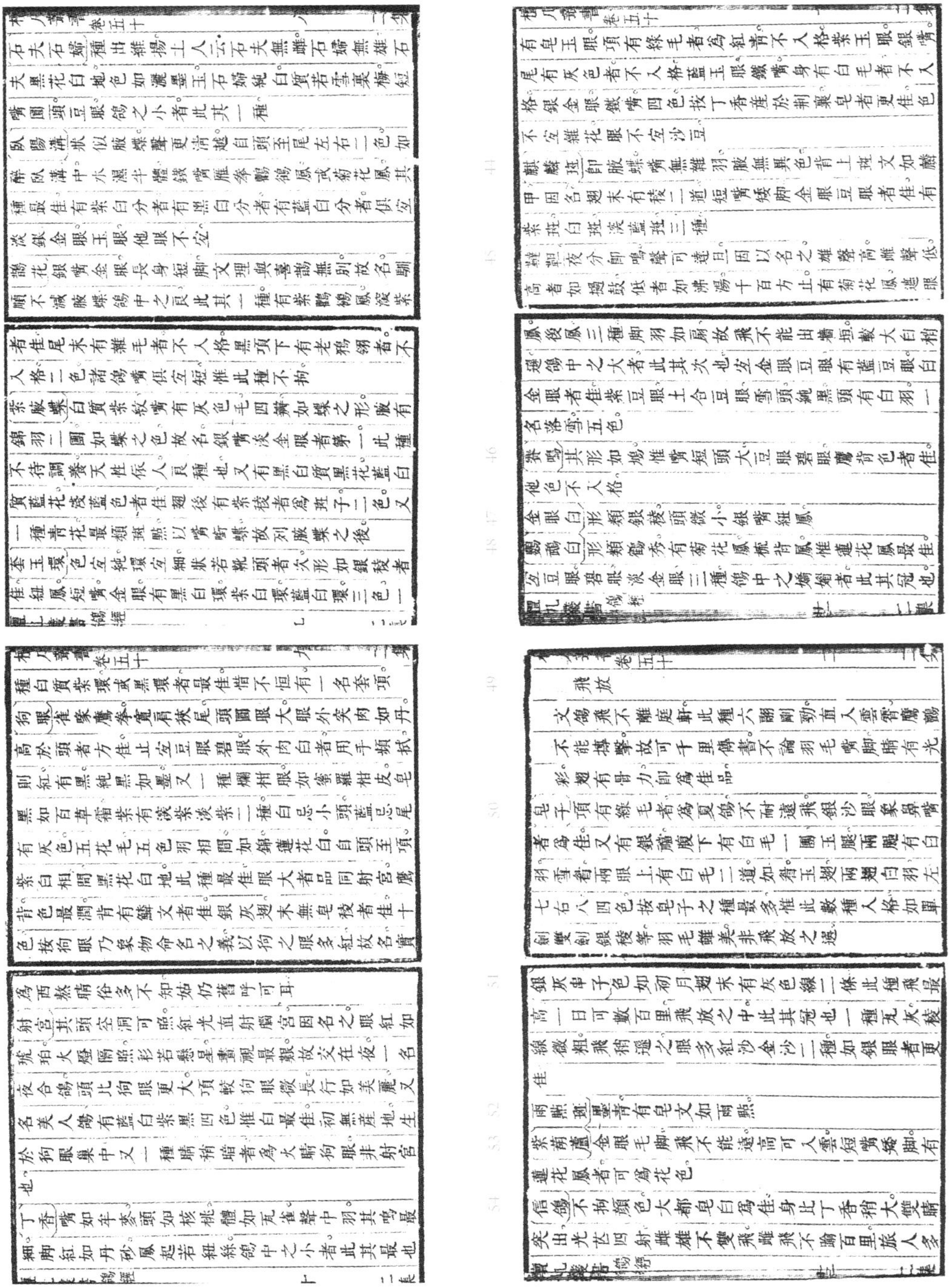

附录：影印《鸽经》，康熙刊《檀几丛书》本

檀几叢書　卷五十　十二　二集

攜雄遠出。數千里外。終日可至。其性戀巢。故中途不
肯留連。
55 夜遊 凡鳥皆夜栖。惟此種夜間能視。故名。短嘴矮脚。
身長不蹌。銀稜。翅與尾齊。眼光如電。離巢不落樹木
樓臺。沖霄直上。毫無倚傍。方入格。有鷹背豆眼。墨花
豆眼。墨青豆眼。白金眼。火斑。沙眼。火眼。有白紫二色
六種。按夜遊原無種。信鴿同鳩哺子。即能夜飛。昔人
懸哨者此種。
56 翻跳

翻者飛至空中。如輪轉動也。有三種。自左至右平
飛轉動者為高翻。自上至下半空轉動者為腰翻。
飛不蹌丈。逼簷牆而轉動者為簷翻。肩寬尾狹者
翻高。肩狹頭小者翻腰。身長尾狹者翻簷。跳者飛
不蹌尺。不離堦砌。跳躍旋轉。一種肩寬身短。無倚
附。即轉。有憑藉方止者。名滚跳。一種身長頭小。行
動四顧。聞聲響即轉者。為戲跳。一種進退維谷。逐
尾即跳者為打跳。總之翻跳原一種。其名不同。其
致則一。

檀几叢書　鴿經　十三　二集

檀几叢書　卷五十　十三　二集

57 鳳頭白。㝎淡金眼。菊花鳳。
58 鳳頭皂。㝎銀沙眼。菊花鳳。
59 毛脚紫。毛不㝎。長豆眼者佳。
60 蓮花白。毛脚。豆眼者入格。
61 沙眼銀灰。後稜細者佳。
62 毛脚白。豆眼。短嘴。長身者佳。
63 土合。毛脚。眼鳳。
64 按翻多光頭。跳多毛脚。跳子交合極艱。故哺雛最難。
須加人力調護。方能生化。

65 典故
66 蜀有蒼鴿。狀如春花。
67 北齊李繪字敬之。河間太守。崔諶恃其弟暹勢。從繪
乞麋角鴿羽。繪答書云。鴿有六翮。飛則沖天。麋有四
足。走便入海。下官膚體疎懶。手足遲鈍。不能近逐飛
走。遠事佞人。按麋當作麇
68 崔光為司徒。晝坐誦經。有鴿飛集膝前。入懷中。緣臂
上。久之乃去。
69 楊素見赤鴿高三尺。

檀几叢書　鴿經　十四　二集

檀几叢書　卷五十　十四　二集

70 隋帝晏。可汗使者有鴿鳴於梁上。帝命崔彭武射之。
中。帝大悅。由是彭武以善射名。
71 并州石壁釋明度者。貞觀末。有鴿巢楹。乳二雛。度每
以餘粥就哺之。曰乘我經力。羽翼速成。忽一日學飛。
墮地俱死。度為瘞之。旬餘。夢二小兒曰。兒本鴿也。今
轉生寺東某家矣。度往訪求。果孿生二子。入視之。呼
曰鴿兒。一時迴顧應諾。後俱成立。
72 徐浩有文辭。張說見其喜雨五色鴿賦曰。後來之英
也。

73 張九齡家養羣鴿。每與親知書。繫鴿足上。飛往投之。
目為飛奴。開元天寶遺事
74 陳誨嗜鴿。馴養千餘隻。誨自南劍牧。拜建州觀察使。
去郡前一月。羣鴿先之富沙。舊所無子遺矣。又嘗早
衙。有一鴿投誨懷袖中。為鷹所擊故也。誨感之不食
鴿。
75 雲光寺有七聖畫。初有少年兄弟七人至寺。閉室畫
之。曰七日慎勿啓門。至六日。發其封。有七鴿飛去。西
北隅未畢。畫工見之曰。神筆也。

檀几叢書　鴿經　十五　二集

檀几叢書　卷五十　十五　二集

76 王丞相生日。羣大卿籠雀鴿放之。每一放。祝曰。願相
公百二十歲。
77 慶曆中。夏元昊寇渭川。環慶副總管任福率都監出
六盤山下。與夏軍遇。勢不可留。都監於道旁得數銀
盆。中有搖動聲。不敢發。福至。發之。乃懸哨家鴿百餘。
自中起盤桓軍上。於是夏兵四合。
78 宋高宗好養鴿。躬自飛放。太學諸生題詩曰。萬鴿盤
旋遶帝都。暮收朝放費工夫。何如養取南來雁。沙漠
能傳二聖書。高宗聞之。即命補官。

79 魏公張浚嘗按視曲端軍。以軍禮相見。寂無一人。公
異之。謂欲點視。端以所部五軍籍進。公命點其一部。
於庭間開籠縱一鴿以往。而所點之軍隨至。公為愕
然。既而欲盡觀。於是悉縱五鴿。則五軍頃刻而集。戈
甲煥爛。旗幟精明。浚雖獎。而心實忌之。
80 舶船發海。必養鴿如舶沒。雖數千里。亦能歸其家。
81 宗汝得一鴿。性甚靈慧。能致書千里之外。
82 顏子四十八世孫清甫。嘗臥病。其幼子偶彈一鴿歸。
以供膳。於囊翎間得一小函。題云家書。付男郭禹禹

檀几叢書　鴿經　十六　二集

附录：影印《鸽经》，康熙刊《檀几丛书》本

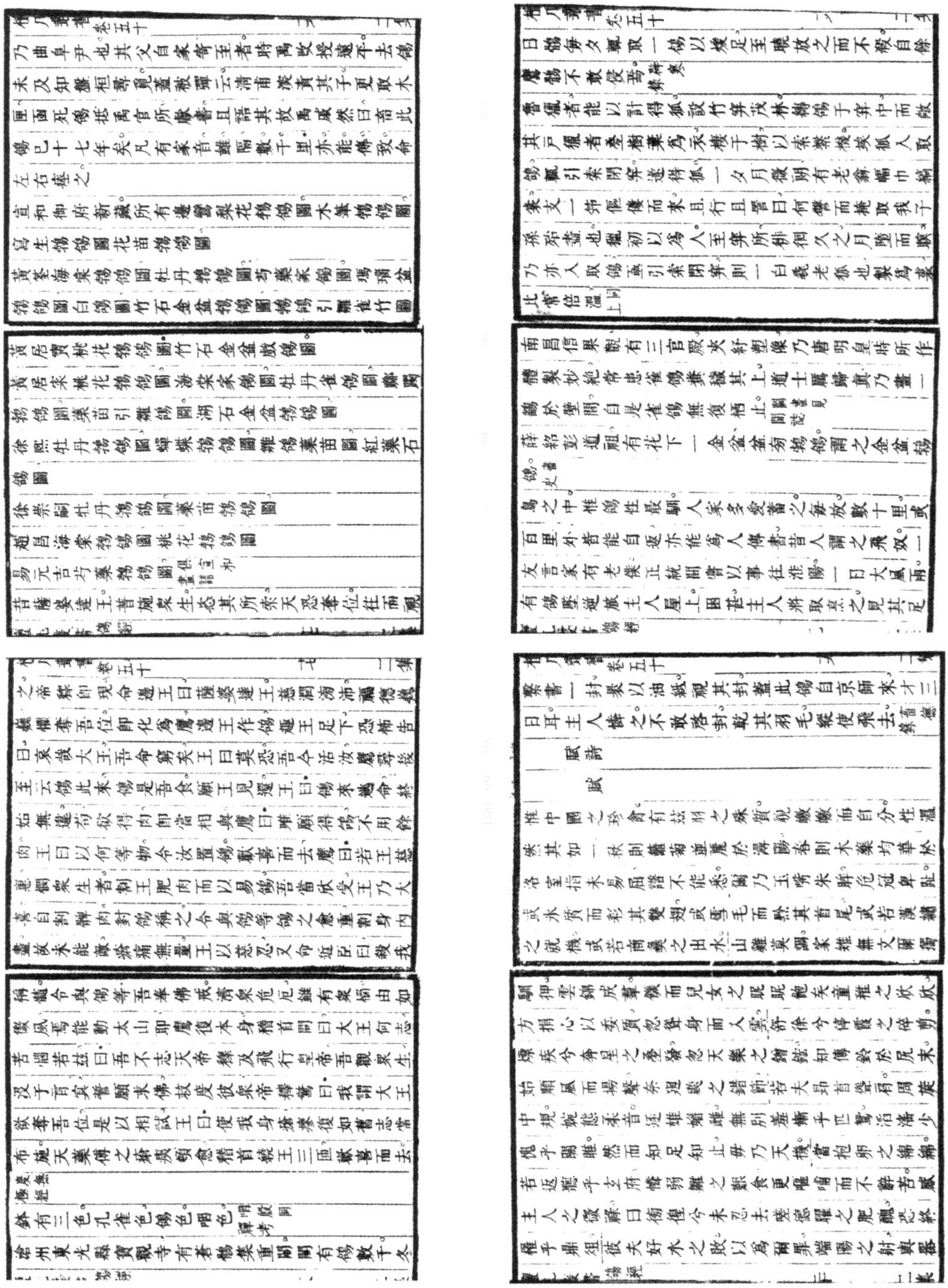

附录：影印《鸽经》，康熙刊《檀几丛书》本

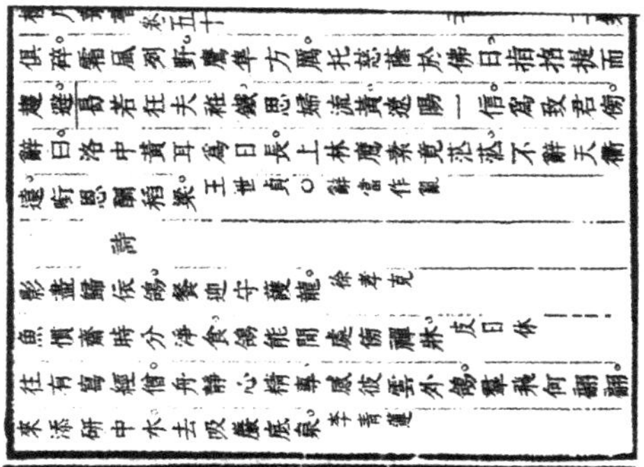

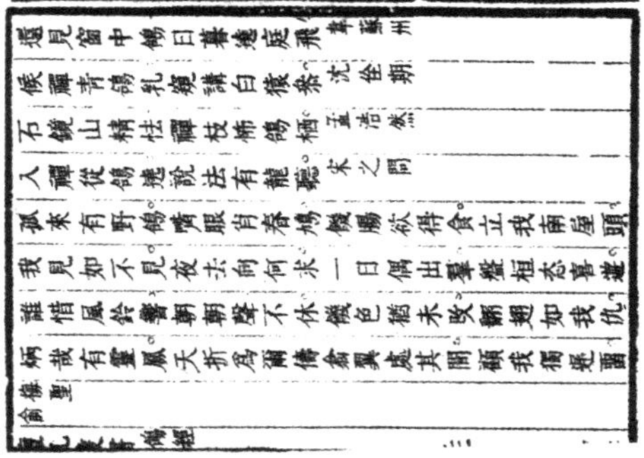

附录：影印《鸽经》，康熙刊《檀几丛书》本

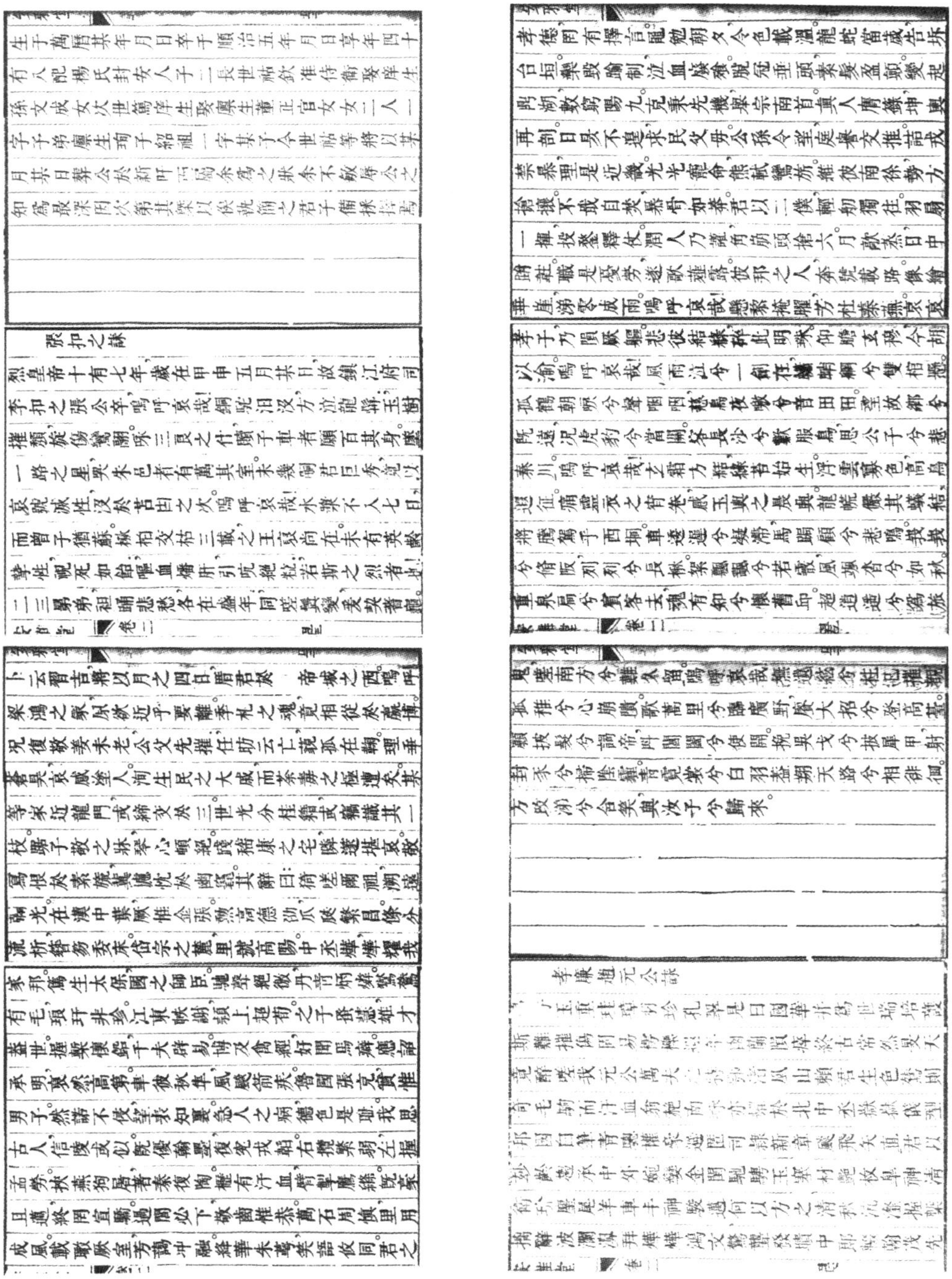

附录：影印《张扣之诔》，清刊《安雅集》本

杲輒飯之道士以故識杲見杲衣服濡溼乃以布袍授之曰姑易此杲易衣忍凍蹲若犬自視則毛革頓生身化爲虎道士已失所在心中驚恨轉念得仇人而食其肉計亦良得下至舊伏處見已尸臥叢莽中始悟前身已死猶恐葬於烏鳶時時邏守之越日莊適經此虎暴出於馬上撲莊落齕其首咽之焦桐返而射中虎腹蹷然遂斃杲在錯楚中恍若夢醒又經宵始能行步厭厭以歸家人以其連夕不返方共駭疑見之喜相慰問杲但臥蹇澀不能語少間聞莊信爭即牀頭慶告之杲乃自言虎即我也遂述其異由此播傳莊子痛父之死也慘聞而惡之因訟杲官以其事誕而無據置不理焉

異史氏曰壯士志酬必不生返此千古所悼恨也借人之殺以爲生仙人之術何神哉然天下事之指人髮者多矣使怨者常爲人恨不令暫作虎

鴿異

鴿類甚繁晉有坤星魯有鶴秀黔有腋蝶梁有翻跳越有諸尖皆異種也又有靴頭點子大白黑石夫婦雀花狗眼之類名不可屈以指惟好事者能辨之也鄒平張

公子幼量癖好之按經而求務盡其種其養之也如保嬰兒冷則療以粉草熱則投以鹽顆鴿善睡睡太甚有病麻痺而死者張在廣陵以十金購一鴿體最小善走置地上盤旋無已時不至於死不休也故常須人把握之夜置羣中使驚諸鴿可以免痺敗之病是名夜遊齊魯養鴿家無如公子最公子亦以鴿自詡一夜坐齋中忽一白衣少年叩扉入殊不相識問之答曰漂泊之人姓名何足道遙聞畜鴿最盛此生平之所好也願得寓目張乃盡出所有五色俱備燦若雲錦少年笑曰人言果不虛公子可謂盡養鴿之能事矣僕亦攜有一兩頭頗願觀之否張喜從少年去月色冥漠野況蕭條心竊疑懼少年指曰請勉行寓屋不遠矣又數武見一道院僅兩楹少年握手入昧無燈火少年立庭中口中作鴿鳴忽有兩鴿出狀類常鴿而毛純白飛與簷齊且鳴且鬬每一撲必作觔斗少年揮之以肱連翼而去復撮口作異聲又有兩鴿出大者如鶩小者裁如拳集階上學鶴舞大者延頸立張翼作屏宛轉鳴跳若引之小者上下飛鳴時集其頂翼翩翩如燕子落蒲葉上聲細碎類

義鼓大者伸頸不敢動鳴愈急聲變如磬兩相和閒雜中節既而小者飛起大者又顛倒引呼之張嘉歎不已自覺望洋可愧遂揖少年乞求分愛少年不許又固求之少年乃叱鴿去仍作前聲招二白鴿來以手把之曰如不嫌憎以此塞責接而玩之睛映月作琥珀色兩目通透若無隔閡中黑珠圓於椒粒啟其翼脅肉晶瑩臟腑可數張甚奇之而意猶未足詭求不已少年曰尚有兩種未獻今不敢復請觀矣方競論間家人燎麻炬入尋主人回視少年化白鴿大如雞沖霄而去又目前院宇都渺蓋一小墓樹兩栢焉與家人抱鴿駭嘆而歸試使飛馴異如初雖非其尤人世亦絕少矣於是愛惜臻至積二年育雌雄各三雖戚好求之不得也有父執某公爲貴官一日見公子問畜鴿幾許公子唯唯以退疑某意愛好之也思所以報而割愛良難又念長者之求不可重拂且不敢以常鴿應選二白鴿籠送之自以千金之贈不啻也他日見某公頗有德色而某殊無一申謝語心不能忍問前禽佳否答云亦肥美張驚曰烹之乎曰然張大驚曰此非常鴿乃俗所言靼韃者也某

回思曰味亦殊無異處張悼恨而返至夜夢白衣少年至責之曰我以君能愛之故遂託以子孫何乃以明珠暗投致殘鼎鑊今率兒輩去矣言已化爲鴿所養白鴿皆從之飛鳴逕去天明視之果俱亡矣心甚恨之遂以所畜分贈知交數日而盡

異史氏曰物莫不聚於所好誠然也葉公子好龍則真龍入室而況學士之於良友賢君之於良臣乎而獨阿堵之物好者更多而聚者特少亦以見鬼神之怒貪而不怒癡也

江城

臨江高生名蕃少慧儀容秀美十四歲入邑庠富室爭女之生選擇良苛屢梗父命父仲鴻年六十止此子寵惜之不忍少拂初東村有樊翁者授童蒙於市肆攜家僦生屋翁有女小字江城與生同甲時皆八九歲兩小無猜日共嬉戲從翁徙去積四五年不復聞問一日生於隘巷中見一女郎豔美絕俗從一小鬟僅六七歲不敢傾顧但斜睨之女停睇若欲有言細視之江城也頓大驚喜各無所言相視呆立移時始別兩情戀戀生故

附录：影印《聊斋志异·鸽异》，乾隆三十年青柯亭刊本

清宮鴿譜

王世襄 編著

暢安自署

东汉玉鸽　徐州东汉墓出土

清宫鸽谱目录

鸽谱四种叙录

近年先后在故宫博物院藏画中发现鸽谱四种，均工笔彩绘，装裱成册，分别叙述如下：

第一种　蒋廷锡鹁鸽谱二册（简称"甲谱"）

甲谱经《石渠宝笈》著录（见卷二十三页37，重华宫卷四）如下：

蒋廷锡鹁鸽谱二册（上等宙一）　贮重华宫
素绢本着色画，每幅有"臣廷锡"、"朝朝染翰"二印。末幅款云"臣蒋廷锡恭画"。每幅签题鸽名，上下各五十幅。幅高一尺二寸七分，广一尺二寸六分。

查两册高、宽均为40.1厘米。册页面贴黄纸签墨书"永字二日三十四"。册内钤"乾隆鉴赏"、"三希堂精鉴玺"、"宜子孙"、"石渠宝笈"等印玺。上册28页，每页两幅，计五十六幅；下册22页，计四十四幅。各页已拆开，不相连属，以致次序错乱，上册页数多于下册。两幅有"臣蒋廷锡恭画"款者本应分列在两册之末，今均在下册，是失序之证。《宝笈》既未著录各幅鸽名，各页背面又无当年编号，故原来次序已难恢复。好在每幅独自成图，各不相涉。故能否恢复原来次序，无关宏旨。

此谱工笔写真，彩绘极精，借阴阳渲染，分羽毛层次，色晕浅深。徐邦达先生认为画师受西洋画法影响，非蒋廷锡手绘而系代笔（见《古书画伪讹考辩》下卷文字部分188页）。按谱中蒋氏印章皆真，又经《宝笈》著录，故即使非蒋氏亲笔，亦在其授意下由画院高手面对生禽，精心绘制，准确年代在18世纪初，故自有其重要科学价值及艺术价值。今据两册现在次序，列鸽名于后，并下注《鸽谱图说》彩图编号，以便检查。

第二种　清人鸽谱二册（简称"乙谱"）

乙谱经《石渠宝笈三编》著录（见御书房四）如下：

鸽谱二册

〔本幅〕纸本，二十二对幅，皆纵一尺二寸八分，横一尺二寸六分，设色画鸽谱，各有签题鸽名。一黄蛱蝶、踹银盘黑雀花。二缠丝斑子、银尾瓦灰。三金尾凤、四平。四紫蛱蝶、官白。五白胆大、黑胆大。六醉西施、凤头朱眼。七玉麒麟、紫蛱蝶。八玉环、绣球番。九火轮风乔、金剪。十紫雪、嘉兴斑。十一黑鹤秀、紫靴头。十二紫雀花、蓝鹤秀。十三合璧、紫肩。十四铁臂将、黑靴头。十五黑雀花、走马番。十六串子、点子。十七倒插、金裆银裤。十八白蛱蝶、日月眼。十九黑插花、蓝蛱蝶。二十紫鹤秀、鹁眼鹤袖。二十一喘气揸尾、银楞。二十二虎头雕、踹银盘玉翅。

两册均高 41 厘米，宽 40 厘米。"永字二百三十四号"一签外，另有黄纸"八百五十八号"一签。画幅无画家款识，右侧贴纸签题鸽名。有"嘉庆御览之宝"、"三希堂精鉴玺"、"宜子孙"、"嘉庆鉴赏"、"宝笈三编"等印玺。鸽名及编号如下：

乙 1	**黄蛱蝶**
乙 2	踹银盘黑雀花
乙 3	**缠丝斑子**
乙 4	银尾瓦灰
乙 5	**金凤尾**
乙 6	四平
乙 7	**紫蛱蝶**
乙 8	官白
乙 9	**白胆大**
乙 10	黑胆大
乙 11	**醉西施**
乙 12	凤头朱眼
乙 13	**玉麒麟**
乙 14	紫蛱蝶
乙 15	**玉环**
乙 16	绣球番
乙 17	**火轮风乔**
乙 18	金剪
乙 19	**紫雪**
乙 20	嘉兴斑
乙 21	**黑鹤秀**
乙 22	紫靴头
乙 23	**紫雀花**
乙 24	蓝鹤秀
乙 25	**合璧**
乙 26	紫肩
乙 27	**铁臂将**
乙 28	**黑靴头**
乙 29	黑雀花
乙 30	**走马番**
乙 31	串子
乙 32	**点子**
乙 33	倒插
乙 34	**金裆银裤**
乙 35	白蛱蝶
乙 36	**日月眼**
乙 37	黑插花
乙 38	**蓝蛱蝶**
乙 39	紫鹤秀
乙 40	**鹞眼鹤袖**
乙 41	喘气揸尾
乙 42	**银楞**
乙 43	虎头雕
乙 44	**踹银盘玉翅**

经查对乙谱四十四幅均摹自甲谱鸽名相同的各幅，仅第十三幅玉麒麟之姿态、位置略有出入。十分明显临摹者至少有两人，1—4 及 41—44 系出一手，技艺较高，逼近原作。余出另一手，画笔拙劣，去甲谱甚远，所绘竟有不似家鸽而类野鸠。据此，乙谱已失去用作鸽谱图式之价值，故置之甲谱各图之侧，聊供参考比较而已。

第三种　沈振麟、焦和贵鹁鸽谱二册（简称"丙谱"）

丙谱纸本工笔彩绘，高、宽各 46.2 厘米，每册十对幅，两册共四十幅，未见著录。画幅无画家款识，右侧贴纸签题鸽名。第一册册面贴签楷书"道光庚寅沈振麟、焦和贵合笔"十二字。册内有"养正书屋鉴赏之宝"长方印,"宣统御览之宝"长圆印。

沈振麟字凤池,苏州人。画家传记称其工写照,兼善写生,供奉内廷,奉敕为旻宁(道光帝)画马,又有百鸽图,尽绘物之妙。慈禧太后赐御笔"传神妙手"匾额云云。

焦和贵亦为如意馆画师。道光庚寅为公元1830年。

丙谱鸽名编号如下:

丙 1	菊花凤皂子	图 19
丙 2	菊花凤腰翻白	图 13
丙 3	黑鹤秀	图 156
丙 4	四块玉	图 105
丙 5	鹰准白	图 8
丙 6	孔雀头玉翅	图 74
丙 7	朱眼银灰	图 48
丙 8	丹英碧瓦	图 53
丙 9	腰翻皂子	图 29
丙 10	麒麟斑	图 45
丙 11	乌玉银盘	图 77
丙 12	坤星	图 115
丙 13	铜背	图 139
丙 14	扬州斑	图 40
丙 15	紫蛱蝶	图 102
丙 16	鹭鸶白	图 9
丙 17	绒花蛱蝶	图 170
丙 18	洒墨玉	图 145
丙 19	腰翻紫凤	图 57
丙 20	银尾粤鸡	图 93
丙 21	雨点斑	图 125
丙 22	莲花白	图 10
丙 23	金井玉栏杆	图 109

丙 24	玉岭朝霞	图 91
丙 25	铁牛	图 122
丙 26	乌牛	图 123
丙 27	紫葫芦	图 61
丙 28	雕尾	图 70
丙 29	紫玉翅	图 82
丙 30	青鲭	图 118
丙 31	勾眼瓦灰	图 51
丙 32	腰玉	图 84
丙 33	银夹翅	图 75
丙 34	黑花玉翅	图 174
丙 35	雪花	图 113
丙 36	雪灰蝶	图 81
丙 37	官白	图 6
丙 38	朱眼皂子	图 25
丙 39	杂花紫	图 172
丙 40	倒插点子	图 65

第四种 清人绘鸽谱二册 (简称"丁谱")

丁谱纸本工笔彩绘,高、宽各46厘米,每册十对幅,两册共四十幅。册面黄纸签墨书"永字二百三十四"。无画家款识,亦无题鸽名纸签。下列名称乃笔者试加,用方括号 [ ] 括出,以示区别。册内有"宣统御览之宝"印。绘制年代当在同治、光绪时期。

丁谱鸽名编号如下:

丁 1	[黑乌头]	图 89
丁 2	[白顶皂]	图 127
丁 3	[白头紫玉翅]	图 134
丁 4	[毛脚黑皂]	图 28
丁 5	[紫鹤秀]	图 98

鸽谱图说

编写说明

清宫旧藏鸽谱四种，简称甲、乙、丙、丁四谱。甲谱彩图一百幅，乙谱四十四幅，丙、丁两谱各四十幅，共计二百二十四幅。除乙谱摹自甲谱，可以不计外，尚有一百八十幅之多。名家写真，前后历时百数十载，古今中外，可谓绝无仅有。借此长期秘藏从未面世之图绘及图侧所标之鸽名，上可与张扣之《鸽经》相印证，下得与非厂先生所记及笔者当年所见作比较，自能对四百年来观赏鸽品种之繁殖或消亡、名称之沿用或更换、养家好尚讲求之变化与发展提供大量材料。凡此皆有助于我国鸽文化研究。乃念宜有文字附谱而行，既是图解，亦便就正于同道。故不揣孤陋，而有《鸽谱图说》之作。

《图说》编写，初以为十分简易，只需将甲、丙、丁三谱之图，统一编号，为每幅写一说明，即可告成。试写之后，始知此法不可行。而只有无视三谱之次序，将一百八十幅分入"曾见品种"、"未见品种"、"存疑品种"、"杂花混种"四类，始能建立以我为主之编写体系。一经按编写需要分类，图式虽多，亦不难驾驭，为我所用。正因相同或近似品种，得以集中，文献材料，勿需再三重复征引；评比优劣，亦不必前后频繁列举，往返翻阅。此法优于前者，显而易见。惟如此编写，难免有主观之见。且由于地区不同，与全国各地养家，看法未必一致。但亦只有通过《图说》道出个人认识，始能抛砖引玉，得到读者的指正。

彩图目录

第一类 曾见品种（图1—115）

本类所收谱绘之鸽，均为本人曾见者。惜所见不广，以三四十年代北京之传统品种为限。粗略统计，有六十余种。为使读者一览可知北京传统品种中，何为鸽谱所有，何为鸽谱所无，特将六十余种名称依次列出，置诸篇首。鸽谱如绘有其中之某一品种，即将鸽名及其编号填写在该名称之后。倘名称之后无鸽名及编号，说明鸽谱未画这一品种。

开列六十余种名称，目的在告知读者，过去北京观赏鸽约有多少种。对鸽谱绘制鸽种之完备程度，也可得到一个大概认识。

一 白

一 金眼白 豆眼白 朱砂眼白
图 1　　　　太极图（甲 1）
图 2　　　　绣球番（甲 40）
图 3　　　　朱眼白（甲 8）
图 4　　　　走马番（甲 88）
图 5　　　　官白（甲 36）
图 6　　　　官白（丙 37）

二 勾眼白
图 7　　　　蒲鸡（甲 66）
图 8　　　　鹰准白（丙 5）

三 鹭鸶白
图 9　　　　鹭鸶白 (丙 6)

四 毛脚白
图 10　　　莲花白（丙 22）
图 11　　　[毛脚白]（丁 11）
图 12　　　白胆大（甲 32）

五 跟斗白
图 13　　　菊花凤腰翻白（丙 2）
图 14　　　觔斗白（甲 13）

六 扇尾白
图 15　　　喘气揸尾（甲 26）

附 铁翅白
附 铜翅白
图 16　　　金剪（甲 42）

二 黑皂

一 金眼黑皂 朱砂眼黑皂 白沙眼黑皂 葡萄眼黑皂
图 17　　　铁袖（甲 10）
图 18　　　[金眼黑皂]（丁 10）
图 19　　　菊花凤皂子（丙 1）
图 20　　　雪眼皂（甲 3）
图 21　　　凤头朱眼（甲 34）
图 22　　　铁臂将（甲 53）
图 23　　　[葡萄眼黑皂]（丁 20）
图 24　　　[葡萄眼黑皂]（丁 8）

二 勾眼黑皂
图 25　　　朱眼皂子（丙 38）
图 26　　　燕毛青（甲 7）

三 毛脚黑皂
图 27　　　黑胆大（甲 31）

一　白

全身白色之鸽，统称曰"白"，依其形态之异，又分成不同品种，冠以不同名称。

白色之鸽，《鸽经》为辟专条的有：条33大白："金眼纽凤，一只可重斤余，其大者如鸡，鸣音若钟，可达四邻。峨冠博带，气象岩岩，鸽中之大者，此种第一。"（襄按：据闻天津尚有此种，体重不善飞翔。尾翎常为十三根或更多）。条47金眼白："形类银棱，头微小，银嘴纽凤。"条48鹦鹉白："形类鹤秀，有菊花凤，梳背凤。惟莲花凤最佳。宜豆眼、碧眼、淡金眼三种。鸽中之娇媚者，此其冠也。"还有列入翻跳类条57凤头白："宜淡金眼，菊花凤。"条60莲花白："毛脚豆眼者入格。"条62毛脚白："豆眼，短嘴，长身者佳。"此外条29大尾、条36石夫石妇、条41狗眼、条42射宫、条45鞑靼、条55夜游等条中也有白色品种。

于非厂《都门豢鸽记》（以下简称"于记"）页52讲到"白"，谓得二种："（一）为鹭鸶白：嘴为灰白色，腿与指爪均为红色，余则洁白如玉，羽色如鹭鸶然，故谓之'鹭鸶白'；又谓之'白'。以头圆嘴短，眼金凤大，眼皮白腻者为贵。其长嘴、豆眼、红眼皮者下驷也。有能翻金斗者，俗谓之'金斗白'，形态俱同于鹭鸶白，仅尾部略昂耳。此鸽金斗之技颇精，一翻一个，从无连续者，亦一绝也，然颇难得。（二）洋白：嘴长尾粗，时若孔雀之开屏然，非本国种，故谓之洋白。此鸽仅能以之点缀林园，用以冲锋陷阵，适足为敌之好俘虏，豢鸽者多不畜之。"看来非厂先生将白眼皮金眼、勾眼、毛脚、跟斗等不同白色鸽品种都归入鹭鸶白一种，未免失诸简略。《燕京岁时记》（清富察敦崇著，光绪三十二年刊本）所记鸽名，鹭鸶白之外尚有凤头白、短嘴白、鹦嘴白等，亦不以鹭鸶白为若干白色鸽之总称。且鹭鸶白之特征在身高腿长，应自成一种而不宜与他种掺混。

鸽谱所绘白色鸽有十余幅，均为近年曾见者，分为金眼白、豆眼白、朱砂眼白、勾眼白、鹭鸶白、毛脚白、跟斗白，及扇尾白六种。

太极图 ▲

一　金眼白　豆眼白　朱砂眼白

太极图

　　一平一凤，半长肉色嘴，细而尖。白眼皮，金眼。品格中等。

　　长嘴、墩子嘴、短嘴的说法，此后将更多涉及。这里采用于记页11鸽嘴示意图。上为长嘴，右为墩子嘴，左为短嘴。嘴之长短，实与嘴之粗细有关。嘴粗虽稍长亦觉其短，嘴细虽并不太长亦觉其长。

图1（甲1）

绣球番 ▲

绣球番

　　一平一凤，半长红色嘴，接近墩嘴。黄白眼皮，金眼，品格中等。题名费解，白色鸽不知与绣球何关。如"番"为"翻"之简写，则此对可能是跟斗鸽。某些品种从外貌上看不出是否能翻跳。

　　乙16摹自此幅。

（乙16）

图2（甲40）

朱眼白 ▲

朱眼白

一平一凤，白眼皮，朱砂眼。头显得特别长，脑相不及前两
对。相偎亲昵之状，描绘得神。

图3（甲8）

走马番 ▲

走马番

一平一凤，肉色嘴，白眼皮，朱砂眼。背上有数片羽毛用淡石青染边，鸽中不可能有此色。疑养家为了容易辨认，染色作标记，画家失辨，画入图中。"番"如为"翻"之简写，此对可能是跟斗鸽。

乙30摹自此幅。

（乙30）

图4（甲88）

官白 ▲

官白

　　双凤头，红嘴，红眼皮，豆眼。古代商品冠以"官"字者有上等、精品之意。但此对未见其有十分出色之处。

　　乙8摹自此幅。

图5（甲36）

（乙8）

官白 ▲

官白

一平一凤，淡红嘴，红眼皮，豆眼。与前一幅花色、名称均
同，但脑相较胜，可信此即清代所谓之"官白"。既冠以"官"
字，意必当年以此为白色鸽之正品。近年北京养家贵白眼皮金
眼，而贱红眼皮豆眼，说明百年来好尚讲究之改变。

图6（丙37）

蒲鸡 ▲

二 勾眼白（勾眼《鸽经》作狗眼）

蒲鸡

双凤头，宽红眼皮，豆眼，头嘴尚佳。可能鸡中有名"蒲鸡"者，眼皮鲜红，遂用以名鸽。

浴鸽胸在清漪中，隔水可见，可谓状写入微。

图7（甲66）

鹰准白 ▲

鹰准白

题签"准"当为"隼"之误。

双平头，宽红眼皮，豆眼，头嘴胜于前一幅。"鹰隼"，指短嘴之端小钩而言，而此对有之。据此似可证《鸽经》条11"或勾曲如雁隼"一语之"雁"，当为"鹰"之误。

按短嘴或钩嘴生雏，往往无钩多于有钩。故钩嘴在遗传上并非稳定现象。用钩嘴作为品种名称似不甚妥适。

图8（丙5）

鹭鸶白 ▲

三 鹭鸶白

鹭鸶白

　　双凤头，长嘴，淡红眼皮，金眼，有小毛脚。其主要特征为
身长腿高，故有鹭鸶之名，可见此乃特殊品种。非厂先生将鹭鸶
白作为几种白色鸽之总称，未免百密一疏。

图9（丙16）

莲花白 ▲

四 毛脚白

莲花白

双凤头，有小毛脚。《鸽经》条41狗眼中有莲花白："自头至项，紫白相间"，显然与此全身纯白者不同。翻跳类中又有莲花白（见条60）："毛脚豆眼者入格"，可能与此同种。惟此为白眼皮金眼，且不知其能否翻跟斗。

雄鸽为雌鸽轻轻咬嗑脑后羽毛，雌鸽感到极端舒适，眼眯成缝，享受这份温情。此景养鸽者虽不难见，画师则须守候多时方能得其神态。

图10（丙22）

[毛脚白] ▲

[毛脚白]

　　未题名，今拟名[毛脚白]，白眼皮，金眼。头嘴优于前幅
一对。

　　白色鸽，经渲染，羽毛层次分明，而仍觉其皎如霜雪，此殆
徐邦达先生所谓之西洋画法，其一掀翅翎，动态极难攫捉。

图11（丁11）

第一类　曾见品种

● 86

白胆大 ▲

白胆大

　　双凤头，粉红嘴，淡红眼皮，朱砂眼。脑后有逆毛，小毛脚。甲谱31有"黑胆大"，色黑而形态与此相似，经参看亦不解何以有"胆大"之名。可能因其翻跟斗有惊险动作。

　　乙9摹自此幅。

（乙9）

图12（甲32）

菊花凤腰翻白 ▲

五　跟斗白

菊花凤腰翻白

　　凤头圆而松散，白眼皮，淡金眼。《鸽经》条56："自上
至下半空转动者为腰翻。"鸽谱画出翻滚之状。又条57凤头白：
"宜淡金眼，菊花凤"，与此图所绘完全符合，可以此作插图。

图13（丙2）

觔斗白 ▲

觔斗白

有凤一鸽亦为菊花凤，眼乃豆而非金。两鸽在地，未画出翻跟斗状态，今据题名归入此类。鹁鸽有时向后伸脚，用爪梳尾翎。此一动作被画家攫得，惟妙惟肖。

图14（甲13）

六 扇尾白

喘气揸尾

此名俚俗而形象，令人解颐。今一般称此曰"扇尾白"，西洋名曰Fantail，亦即于记所谓之"洋白"。据此可知康熙时期已引进外国鸽种。

乙41摹自此幅。

（乙41）

附 铁翅白

附 铜翅白

白色鸽本不应有其他色羽。惟30年代北京开始流行白鸽黑膀翎曰"铁翅白"，白鸽紫膀翎曰"铜翅白"。二者始终未能定型，时有夹条或杂毛。更因其无可归属，故附于此。出人意料，清初鸽谱竟有一幅堪称铜翅白之始祖。

喘气揸尾 ▲

图15（甲26）

金剪 ▲

金剪

　　双平头，半长嘴，白眼皮，金眼。两翼紫翎逾十根，可谓"大膀"。头嘴虽一般，全身却洁净无杂毛。倘此鸽在北京市上出现，定有人围观，啧啧称赞："好一对铜翅白。"

　　乙18摹自此幅。

（乙18）

图16（甲42）

二　黑皂

全身黑色之鸽曰"黑皂"，或"皂子"，或简称"皂"。依其形态之异，又被分为不同品种。

黑色之鸽，《鸽经》为辟专条的有：条34皂子："短嘴，矮脚，形如鹤秀，有菊花凤、纽凤。一种金眼，莲花凤，银眼，梳背凤者，可称绝品。"又条58凤头皂："宜银沙眼，菊花凤"，在翻跳类。飞放类中虽还有条50皂子，但其中包括银裆、玉腿、雪眉、玉翅等非纯黑鸽。此外条41狗眼、条42射宫、条43丁香等条也都有纯黑鸽。

于记页41黑皂："全体均黑，无杂羽，无间色，嘴短头圆而凤大者，是为佳种，眼皮固多白色也。其眼皮宽厚而红若丹火者，谓之'钩眼皂'，较为难得。又有善于翻金斗者，谓之'金斗皂'。此鸽京人之特别考究者，每不喜鬃之，一则恶性其少文，一则嫌其近乌鸦也。"

鸽谱中黑色鸽几达二十幅，除归入未见类者外，据其形态分为金眼、朱砂眼、白沙眼、葡萄眼黑皂，勾眼黑皂，毛脚黑皂及跟斗黑皂四种。

一　金眼黑皂、朱砂眼黑皂、白沙眼黑皂、葡萄眼黑皂

铁袖

　　黑色不纯。双平头，白眼皮，金眼，半长嘴。全身无可取
处，列入下等。

图17（甲10）

[金眼黑皂]

未题名，拟名[金眼黑皂]。双平头，长嘴，白眼皮，金眼，素闪。中下等。

脑后有逆毛，可能会翻跟斗，但不敢肯定，故未归入跟斗类。

图18（丁10）

菊花凤皂子 ▲

菊花凤皂子

《鸽经》条34皂子："短嘴矮脚，……有菊花凤、纽风。……银眼，梳背凤者，可称绝品。"此对短嘴，算盘子头，白眼皮，素闪，品格亦上佳。惟鸽为白沙眼，亦即所谓银眼，依北京标准是一大憾。一疵累众美，只能列入中下等。可见时代不同，好尚大异。

图19（丙1）

雪眼皂 ▲

雪眼皂

当因白沙眼而得名，绘谱之时，可能入品合格。据本世纪初北京标准，鸡头，长嘴，白沙眼，极丑。

图20（甲3）

凤头朱眼 ▲

凤头朱眼

平头，嘴尖而长，红色，皂中罕见。淡红眼皮，朱砂眼。品格中下等。

忆常见此景：一鸽啄食，一鸽在旁，十分好奇地注视，仿佛在问："你在吃什么？"此幅得之。

乙12摹自此幅。

图21（甲34）

（乙12）

铁臂将 ▲

铁臂将

双平头，鸡头长嘴，淡红眼皮，朱砂眼，下等。
乙27摹自此幅。

（乙27）

图22（甲53）

[葡萄眼黑皂] ▲

[葡萄眼黑皂]

　　未题名。算盘子头，短嘴，喙端有钩。铁青眼皮，葡萄眼。
按于记页10言及葡萄眼："近瞳孔处为茶绿色，外围以葡萄紫
色，再外为黑绿色，莹澈若葡萄然。"此对睛色似之。虽双平
头，品位亦不低于上中等，拟名[葡萄眼黑皂]。

　　瑞雪为皂鸽作背景，黑白分明。一鸽戏啄南天竹朱实，深感
画家构思，出人意想。

图23（丁20）

[葡萄眼黑皂] ▲

[葡萄眼黑皂]

未题名。算盘子头，双凤头，短嘴，铁青眼皮，葡萄眼，素闪。在黑皂中列上上等。拟名[葡萄眼黑皂]。

若有黑玉翅生相如此黑皂，而眼皮易铁青为青白，可列为上上等，亦即我当年栅中所有者。惜谱中玉翅无一幅若此者。

图24（丁8）

朱眼皂子 ▲

二　勾眼黑皂

朱眼皂子

　　双凤头，鸡头，嘴尖而红，红眼皮，宽、厚均不够标准，只
能勉强称为勾眼。朱砂眼。中下等。

图25（丙38）

燕毛青▲

燕毛青

　　体型竟似野鸽。一平一凤，鸡头，长嘴，勾眼，睛金色。列
下等。燕子背上羽毛色纯黑，可能因此而得名。

图26（甲7）

黑胆大 ▲

三　毛脚黑皂

黑胆大

　　墩子嘴，淡红眼皮，金眼，脑后有逆毛，小毛脚。形态与图 12 "白胆大" 相似，生相粗野，和一般观赏鸽不同。胸腹及毛脚羽色较浅，严格说来，不能算是真正的黑皂。

　　乙10摹自此幅。

图27（甲31）

（乙10）

[毛脚黑皂]▲

[毛脚黑皂]

　　双凤头，短嘴，白眼皮，金眼。脑后逆毛及小毛脚，与"黑胆大"相似，但头嘴较佳，其气质亦较文秀，可列中等。未题名，拟名[毛脚黑皂]。

图28（丁4）

腰翻皂子 ▲

四　跟斗黑皂

腰翻皂子

　　脑后有逆毛，嘴细而长，白眼皮，白沙眼，虽无凤头，亦符合《鸽经》条58凤头皂"宜银沙眼"之规格。惟北京养家只能列之下等。

图29（丙9）

[跟斗黑皂]▲

[跟斗黑皂]

　　未题名。雌雄均作翻滚状。铁青眼皮，金眼。依《鸽经》可题名为"菊花凤腰翻皂子"，北京则称之为[跟斗黑皂]。

图30（丁22）

三 灰

全身灰色之鸽，统称曰"灰"。家鸽从野鸽驯化而来，灰色家鸽保留较多野鸽之天性及血统，故多矫健善飞。其色虽不艳丽，有斑点者却灿烂多文。故在观赏鸽中占重要地位。

灰色之鸽，《鸽经》为辟专条的有：条51银灰串子："色如初月，翅末有灰色线二条。此种飞最高，一日可数百里，飞放之中，此其冠也。一种瓦灰，棱线微粗，飞稍逊之，眼多红沙、金沙二种。如银眼者更佳。"又条61沙眼银灰："后棱细者佳"，列翻跳类。此外条54信鸽条中亦有灰色之鸽。

于记页49讲到灰："全体均为灰色，惟胸腹部较浅，背翅具斑纹者，谓之'斑灰'；仅呈两'黑楞'者，始谓之'灰'。体尚短小，以瘦不盈握者为贵。其能翻金斗者，则谓之'金斗灰'。灰之以嘴分者，有'长嘴灰'、'短嘴灰'之别。其佳种颇善飞，能翱翔二十小时而不疲。"又银串子："全体均如灰，惟嘴较长，而灰色较浅如银白色耳。亦有能翻金斗者。"又青毛："状若'灰'，惟眼皮较宽，灰色较深而青，闪为绿色，故谓之'青毛'，殆亦'灰'之变种。"

按《鸽经》以银沙眼为贵，仍可看到与北京好尚之不同。于记所论，大体符合北京情况。概括言之，灰如以有无文理分，有"素灰"与"斑点"之别。如以色深浅分，有浅灰、深灰之别。浅灰又称"亮灰"或"银灰"，深灰又称"瓦灰"。自然也有浅深适中，难言其为浅为深者。此外还有勾眼灰、毛脚灰、跟头灰等。"银串子"一称，北京已罕有人知。"青毛"，五十年前已濒绝迹。非厂先生未道及者有"豆眼楼鸽"。浅灰，长嘴，貌似高居城楼的野鸽，但往往有凤头。此种之特点在必须是豆眼。不仅为观赏鸽之一，当年北京且有专养此一种者。

豆眼楼鸽

鸽谱所绘灰色鸽除归入未见等类者外，计有二十三幅，素灰、斑点灰、勾眼灰无不具备。

银灰 ▲

一 素灰（依灰色由浅至深为序）

银灰

　　双平头，灰色甚浅，翅尾均有黑楞。睛色浅白，当即《鸽经》条51之"银灰串子"。短嘴，头相一般，而神采外溢，机警不凡，且短小精悍，有静而思动之态。虽一卧一拳足，亦不能掩其健翮凌云之志。写形而兼写其神，此之谓也。

图31（甲90）

[亮灰] ▲

[亮灰]

　　未题名。半长嘴，白沙眼，翅有黑楞，体型不及前幅短小精
悍。所写不在主人庭院，而是田野觅食之景。依《鸽经》题名可
作"菊花凤银灰"，北京只称之曰"亮灰"。

图32（丁24）

[短嘴亮灰] ▲

[短嘴亮灰]

　　未题名。双平头，短嘴，脑相甚佳，翅有黑楞。如易白沙眼为朱砂眼，北京养家当视为珍品。拟名[短嘴亮灰]。

紫眼焦灰▲

紫眼焦灰

双平头，长嘴，脑相一般，翅有黑楞，品格居中下等。

"焦灰"只能理解为深灰，但此对灰色实居中等。又曰"紫
眼"，此称生僻，未见使用，实为颜色较深之金眼。鸽谱题名，
每不规范，此是一例。

图34（甲57）

[瓦灰] ▲

[瓦灰]

　　未题名。色偏深，可称之为[瓦灰]。双凤头，脑后有逆毛。豆眼素闪。倘去其逆毛，易松散之风为立凤，或平头，短嘴改画成长嘴，便极似北京所谓之"豆眼楼鸽"。

图35（丁19）

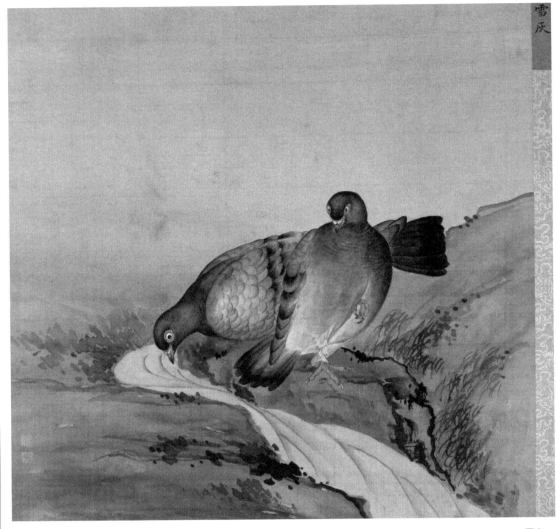

雪灰 ▲

第一类　曾见品种

雪灰

　　显然是深灰，竟题名"雪灰"，费解。长嘴白沙眼，全身无可取处，列下等。

图36（甲59）

红砂雨点 ▲

红砂雨点

　　"红砂"当指荤闪之色，"雨点"当指背上灰羽之白色斑
点，有丙21雨点斑(见图125)可资比较。半长嘴，朱砂眼。某一时
期某一地区可能视此为佳种，在北京只能列入下等。

图37（甲72）

[瓦灰]▲

[瓦灰]

　　未题名。双平头，半长嘴。其一有小毛脚，且灰深近黑，两鸽花色并不一致。此品种之特点在翅上两棱不明显，灰色鸽中少见。只能称之曰[瓦灰]，列下等。

图38（丁39）

串斑子 ▲

二 斑点灰（灰色由浅至深为序）

串斑子

　　一平一凤，淡金眼。《鸽经》当称之为"银灰斑点串子"，北京则曰"斑点亮灰"。其神采不在图31银灰下，亦是翱翔骁将。可列中上等。

扬州斑▲

扬州斑

　　当因产自扬州而得名。双平头、白沙眼，短嘴。两道深灰
楞被浅色羽边分隔成点，显得周身皆斑点。脑相胜于前一幅，可
列上等。如是朱砂眼，更佳。画家所绘乃交尾前两鸽衔喙接吻情
景，北京称之曰"换气"，曲尽其态。

图40（丙14）

[斑点亮灰] ▲

[斑点亮灰]

　　未题名。灰色眼皮，淡金眼。《鸽经》当名之为"菊花凤银灰"，北京则称为"斑点亮灰"。观其体型，飞翔能力恐不及图40扬州斑。

图41（丁30）

勾眼串斑子▲

勾眼串斑子

一平一凤，半长嘴，朱砂眼，斑点绚斓可爱。虽题名"勾眼"，眼皮尚欠宽厚，故未列入该类。品格列中上等。

图42（甲68）

[斑点灰]

　　未题名。灰色深度在亮灰、瓦灰之间，北京名之曰"斑点灰"。双平头，半长嘴，脑后有逆毛，淡金眼。品格中等。所绘情景乃雄鸽轻啄雌鸽鬓角眉梢，为其梳理（北京曰"择毛"）。雌鸽闭目相就，感到十分舒适。画家当于静观中得之。

图43（丁36）

[斑点瓦灰]▲

[斑点瓦灰]

　　未题名。灰色深浅分明，细碎而有规律，灿然成文，当名之曰[斑点瓦灰]。双平头，淡红眼皮，朱砂眼，墩子嘴。可列中上等。

图44（丁15）

麒麟斑 ▲

麒麟斑

　　《鸽经》有麒麟斑（条44），乃腋蝶（即鹤秀）之属，与此无涉。为避免名称混乱，应名此曰[斑点瓦灰]。双平头，短嘴有钩，文理绚丽可爱。如是朱砂眼，可列上等。

图45（丙10）

[豆眼斑点瓦灰]▲

[豆眼斑点瓦灰]

　　未题名。一平一凤，头嘴尚佳，素闪，可名之为[豆眼斑点瓦
灰]。特点在宽白眼皮，豆眼，大而外努，十分显著。当年可能有
专门名称，惜谱未标明。可列上等。

图46（丁23）

嘉兴斑 ▲

嘉兴斑

　　当以产地得名。两鸽均以胸向人，故虽名曰"斑"，而背上文理不得见。但观其灰之深，闪之红，嘴之长，已是下等，况貌似野鸽，品位距图40扬州斑远甚。

　　大凡灰鸽养家喜浅不喜深，不论飞翔、行止，浅灰皆明快悦目，而深灰终类野鸠也。

　　乙20摹自此幅。

（乙20）

图47（甲46）

朱眼银灰 ▲

三 勾眼灰

朱眼银灰

　　体型紧俏修长，乃健飞之相。双凤头，半长嘴，宽红眼皮，朱砂眼，可列中上等。两翼中部垂色穗，乃丝线穿缝打结后剪留部分。新来之鸽，多缝膀防其飞逸。

图48（丙7）

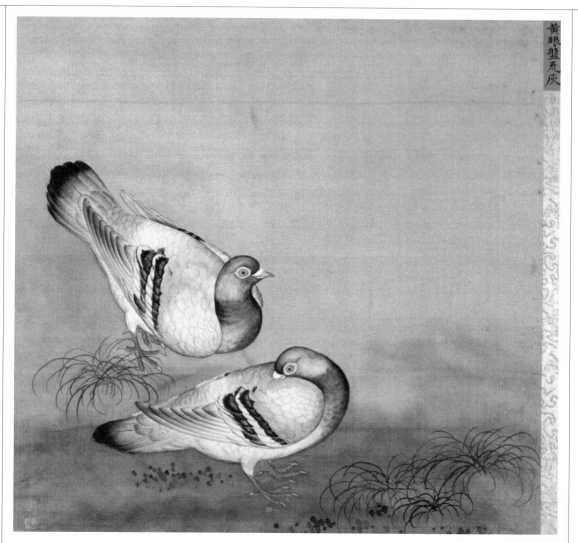

黄眼盘瓦灰 ▲

黄眼盘瓦灰

　　双平头，半长嘴，金眼，眼皮宽而不红，故有"黄眼盘"之称，可列中下等。勾眼眼皮，红色并不固定。多飞充血，浅可转深、《鸽经》条41狗眼："外肉白者，用手频拭则红"，正合此理。

图49（甲74）

勾眼瓦灰 ▲

勾眼瓦灰

　　勾眼眼皮宽红，接近标准。如易金眼为朱砂眼则更佳。一平
一凤，头嘴一般，可列中上等。

图50（甲5）

勾眼瓦灰 ▲

勾眼瓦灰

算盘子头，双凤头，勾眼，朱砂眼，短嘴。论头嘴，鸽谱二十多幅灰色鸽中，此居第一，可列上上等。惟与梅畹华先生旧藏玻璃油画所绘之亮灰相比，尚有逊色。请参阅附录《鸽话》第十四则《拃灰》。

图51（丙31）

[勾眼毛脚瓦灰] ▲

[勾眼毛脚瓦灰]

　　未题名。可名为[勾眼毛脚瓦灰]。鸡头，半长嘴，金眼。品格远不及前一幅所绘。

图52（丁9）

丹英碧瓦 ▲

丹英碧瓦

深灰，双凤头，勾眼，朱砂眼，头嘴一般，毛脚小于前幅一对，可列中等。从题名无从知其花色品种。此巧立名目之病。

图53（丙8）

北京称全身紫色之鸽曰"紫 jiàn"。后一字注汉语拼音，乃因其无固定写法。甲谱写作"紫肩"，似谓仅肩部为紫色，故名实不符。《燕京岁时记》所记鸽名有"紫酱"，"jiàn"可能为"酱"字一音之转。惟北京对紫色鸽之读音，分明作 jiàn 而不作 jiàng，故不宜用。老舍先生在《小动物们》一文中写作"紫箭"，但此种却疲软不善飞翔。非厂先生写作"紫䎬"，羽字旁与鸽有一定联系。但检字书，未能查到"䎬"字。今姑从之。

《鸽经》对纯紫之鸽无专名，只称曰"紫"，如条 59 "毛脚紫"。

于记页 47 述及紫䎬："在黑色者曰'黑皂'，在紫色者谓之䎬，盖全体纯为紫羽也。以头圆嘴短，眼皮白细者为佳。又有一种于头后颈前，生有紫羽，状颇突起，尾能自由上下，善翻金斗，惟艺不精，翻时辄连串至地，人每不喜豢之。"

鸽谱所绘属于紫䎬类者有五幅。

紫雪 ▲

紫雪

　　脑相一般，双平头，金眼，半长嘴。紫色甚浅。可能因颜色不正，实难称之为"紫鞬"，而名之曰"紫雪"，只能列入下品。

　　乙19摹自此幅。

（乙19）

图54（甲45）

紫肩 ▲

紫肩

　　双平头，白眼皮，金眼，半长嘴。紫色深于前者，但浊而黑，欠纯正，仍属下品。

　　乙26摹自此幅。

（乙26）

图55（甲52）

[紫㺉] ▲

[紫㺉]

　　未题名。　一平一凤，白眼皮，金眼，短嘴，尤以有凤头者为佳。素闪，紫色酽而正，故为合格之[紫㺉]。

　　以下两幅为"跟斗紫㺉"，即《鸽经》条59列入翻跳类之"毛脚紫"，于记所谓又一种善翻金斗者。不论有无毛脚，北京均称之曰"跟斗紫㺉"。

图56（丁29）

腰翻紫凤 ▲

腰翻紫凤

　　双平头，白眼皮，金眼，半长嘴，素闪。紫色暗而深。其一画出腰翻姿态。卧地一头，脑后突出翻毛，可为于氏"头后生紫羽"之金斗紫腱作图式。

图57（丙19）

[跟斗紫鞢] ▲

[跟斗紫鞢]

　　未题名。双平头，白眼皮，金眼，短嘴，算盘子头，颜色纯正鲜明，应题名[跟斗紫鞢]，品格高于前一幅一对，可与图56所绘媲美。

图58（丁25）

五　粉串（即《鸽经》所谓之土合）

《鸽经》条 5 羽毛称："五色各分为质，五色相间为文。"味其意，"质"乃质色，即通体一色之色，"文"则由不同之色相间而成。

何为五色？《鸽经》无明文规定。条 28 鹤秀有"头尾俱白，有黑、紫、土合、蓝四色"一语，可供参考。不妨谓此四色加白为五色。惟全身蓝色之鸽实罕有，《鸽经》亦无此品种，故不宜以蓝为质色。如去蓝而代之以灰，列白、黑、灰、紫、土合为五色，当去扣之之意不远。且鸽中确有淡于紫、暗于红，近朱绛而呈灰褐之色者，此即《鸽经》所谓之"土合"，北京所谓之"粉串"。笔者尝思寻，北京观赏鸽中除白、黑、灰、紫外，一色者只有粉串。舍此之外，更无他色可解释为《鸽经》所谓之土合。传集先生为土合作注释称："山东方言称火红色或土褐色为'土火色'或'土合色'。"堪称一语中的。不啻为吾说作佐证。

北京养家不以粉串为正色，殆因虽通体一色，而前浓后淡，往往有差异，故于记无一语言及。惟鸽谱所图，竟有五幅之多。

米汤浇▲

米汤浇

米汤多白色，红褐色米汤恐只有赤豆粥有之，此名费解。双平头，白眼皮，金眼，长嘴，列下等。

图59（甲12）

鹰背灰星 ▲

鹰背灰星

　　半长嘴，白眼皮，金眼，与前幅所图颇相似，只色稍浅，而翅上两楞反较明显。差异不多，可能为同一品种，而一谱之中，题名竟如此不同，殊不可解。真不知背似何鹰，星在何处也。

图60（甲70）

紫葫芦▲

紫葫芦

此粉串色之较深者，惟腰部以下及两翼尖色渐浅，北京市上所见多如此。本幅一对双平头，一短嘴，一半长嘴，白眼皮，金眼，列下等。

《鸽经》有紫葫芦，见条53："金眼毛脚，飞不能远，高可入云。短嘴矮脚，有莲花凤者，可为花色。"惜未言其颜色，恐与此不是同一品种。

图61（丙27）

[粉串] ▲

[粉串]

    未题名。与图60"鹰背灰星"品种相同，头嘴较胜，当名为
[粉串]。一鸽举爪挠头顶，颈须大弯，姿态与挠腮颊者不同。

图62（丁27）

[粉串]▲

[粉串]

　　未题名。双平头，短嘴，宽白眼皮，算盘子头，论形相为各
幅粉串之冠，列上等。

　　梧桐一枝，细弱难禁两鸽。枝之曳动，鸽之鼓翅以求平衡，
状写惟妙。

六　点子

点子在北京观赏鸽中最受人钟爱，存在数量亦最多，讲究也很严格，因而也是最重要的一个品种。花色以黑点子为主。紫点子少而珍贵。蓝点子极为罕见。

《鸽经》条32点子："额上有黑毛如点，嘴上黑下白，一名阴阳嘴。沙眼、银眼不宜。间有紫点、蓝点者，最佳。又一种凤头点，若重瓣水仙者，不佳。"所言符合北京情况。"凤头点"北京称之曰"糟毛点子"，亦属下品。按凤头如重瓣水仙之糟毛，任何品种、任何花色均有之，列为点子中一个品种，实无必要。

于记对点子有长篇的论述（见页17—19），足见其对点子之重视："名称最古，有黑紫二种。黑者谓之黑点子，紫者谓之紫点子，在鸽类中最为优良者也。全身均为白色，尾黑色，下须至裆，上须至腰。裆中有白毛者，曰'花裆'，上不至腰者，曰'白腰'，均不佳。头顶有黑羽一丛，在平头者，成椭圆之一点；在凤头者，凤为全黑，以黑羽适成一点，不侵眉，不环嘴；全凤不间白羽者为佳。黑羽侵眉者，谓之'瞎眉'。环嘴者，谓之黑嘴圈；仅下颏黑者，谓之'带底斗'；凤间白羽者，谓之'花凤'，谓之'白凤心'。嘴之上唇，须呈黑色，下唇呈白色，所谓'阴阳嘴'是也。有'长嘴'、'短嘴'、'墩子嘴'之别。眼皮须宽白而细腻，以'蜡眼皮'为上，白而粗者次之，黄而细腻者又次之，红色最下。眼须金眼，豆眼为下乘。头须如算盘子，其尖若鸡头者最下也。伞身形态，须长脖细像（京语意谓颈须挺拔而长，全身羽毛甚紧，至俏丽者），躯体长大者，为上乘，短小精悍者次之，项短脖粗，羽毛臃肿者最下。此黑点子之大略形状也。易黑羽为紫色，则谓之紫点子。紫之色，以浅不近于橙，深不跻于褐，紫而红，鲜丽一色者为贵（紫色鸽均须如此）。过浅者，俗谓之'猴儿头'；过深而暗者，俗谓之'炉灰渣'，以色若煤核也。紫点子之尾羽，往往在下端呈较暗而褐之圆晕，俗谓之'钱'。嘴往往呈浅红色，上下如一，俗谓之'白嘴'，所以别于阴阳嘴也，皆不佳。余均与黑点子同。"有关蓝点子，见于记页51："形态同于点子，仅易黑羽为灰羽，故又谓之'灰点子'。惟就吾之所见，其灰色实乃近于蓝，吾特入于蓝之类。此鸽一切均须中式，惟眼皮则概无白细者，且多花裆，可以无事苛求。"

非厂先生讲点子已十分详尽。可补充者尚有"五爪点子"，即后趾为骈趾，亦称双趾，与前三爪共有五爪。此为"老窝分"点子，又称"老气儿点子"，体型较大，为老养家所钟爱。还有"单毛"、"双毛"之说。单毛实即于氏所谓之"长脖细像"。又近闻自"文革"后北京养家厌弃短嘴算盘子头点子而崇尚鸡头点子，一对有值两千元以上者，岂非咄咄怪事！

鸽谱所绘只有黑点子两幅，无紫点子、蓝点子。

点子▲

点子

一平一凤，阴阳嘴，细而长。体型短小，非点子所应有。凤头纯白，凤后却有黑点。除白眼皮，金眼外，可谓无一处合格。入下等。

乙32摹自此幅。

倒插点子 ▲

倒插点子

　　分明是点子，题名却加"倒插"两字，实为蛇足，且容易误为仅有黑尾之"倒插"，故不可取。

　　此对体型优于前者，双凤头，阴阳墩子嘴，金眼，只眼皮微红。其最大缺点在凤头之后，脑盖上还有大片黑毛，和前幅相同，均犯"带座儿"之病。依北京老养家标准，点子白头黑凤，须判然分清。黑凤中间白毛，曰"花凤心"，尚不为病，亦有以为更"喜欣"者。惟独不许黑毛长出凤外，侵占脑盖。有之便是"座儿"，或曰"带座儿"。非厂先生论点子禁忌，未明确指出。黑点子黑膀翎者曰"铁翅点子"。紫点子紫膀翎者曰"铜翅点子"。本世纪二三十年代开始流行。鸽谱未见有此品种。

图65（丙40）

七　雪上梅

身全白，只头顶有色羽点或色羽凤头者曰雪上梅。黑者曰"黑雪上梅"，紫者曰"紫雪上梅"。《鸽经》无此品种。

于记页 32 黑顶："全身皆白，仅头顶一点黑羽，在凤头者，仅黑羽一丛，无间杂色者，则至为难得，俗谓'黑顶'。"又页 45 雪上梅："全体洁白，仅于顶额生有一撮紫羽，凤头者凤为紫羽，平头者自鼻至顶，为一椭圆之紫羽，故亦谓之为'梅映雪'。如头圆、眼金、嘴短，凤立，眼皮白细，紫色纯正，则甚秀丽可观，而价亦至昂，且不恒见。"（襄按"黑顶"一称，很少有人使用。）

鸽谱所绘有雪上梅三幅。其一为蓝雪上梅（题名佛顶珠），因从未见过，列未见类。

日月眼 ▲

日月眼

　　正面一鸽两睛异色，当因此而得名。按两睛如一金一豆，不足为奇，幼鸽尤为常见。待鸽稍长，经长期飞翔，豆转为金，两睛渐趋一色，俗称"把眼睛飞过来了"。如始终异色反属少见。故题名"日月眼"，似非行家所为。据花色，此为"黑雪上梅"，只黑色欠纯正。额点亦不够整齐，长嘴，品居中等。

　　乙36摹自此幅。

图66（甲86）

（乙36）

[黑雪上梅] ▲

[黑雪上梅]

　　未题名。拟题[黑雪上梅]。黑凤整齐，头嘴颇佳，金眼，惜眼皮太红。因此品种罕见，故仍可列为上等。

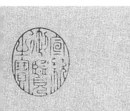

[紫雪上梅]

　　未题名，拟题[紫雪上梅]。双平头，短嘴，豆眼，红眼皮。算盘子头，紫点整齐。紫雪上梅比黑雪上梅更为珍贵，虽平头也应列为上上等。

八　倒插

一　黑倒插

二　紫倒插

　　北京称白身黑尾之鸽曰"黑倒 chā"，白身紫尾之鸽曰"紫倒 chā"。chā 字写法不一，鸽谱题名"倒插"，于记写作"倒叉"，以谱名寓倒插黑尾之意，较为合理。《鸽经》条 31 则称"雕尾"："短嘴白身，插黑尾十二，宜金眼、豆眼。"于记页 32 倒叉："为点子之变种，全身俱与点子同，仅头顶上缺一点黑羽耳。由头至足，均中程式者，亦颇可观。"

　　鸽谱有黑倒插两幅，而无紫倒插。

倒插 ▲

倒插

　　双平头，长嘴，淡红眼皮，金眼，鸡头。身尾之间，黑白分界不齐，均不入格，列下品。

　　乙33摹自此幅。

图69（甲93）　　　　　　　　　　　　（乙33）

雕尾 ▲

雕尾

此幅丙谱标名"雕尾",与《鸽经》条31符合。

双凤头,头嘴均佳,眼皮微红,身尾之间,黑白分界齐整,虽豆眼,亦可列上品。其中卧地张翅一头,每于浴后向日曝晒时见之,画家得其神态。

图70(丙28)

九 老虎帽

头部色羽如披风帽，尾如点子，北京称"老虎帽"。鸽谱名"虎头雕"。

《鸽经》无此品种。

富察敦崇《燕京岁时记》所列鸽名中有"道士帽"，实即老虎帽。北京鸽贩将"道士帽"读作"道 sé 帽儿"。

于记页19言老虎帽甚详："形态与点子相若，仅于头上披以色羽，如戴虎头帽状耳。亦有黑、紫二种。披黑羽者谓之黑老虎帽，紫者谓之紫老虎帽。帽之状，以自头顶环眼而下，直至胸之两侧者，为中程式。披拂胸部两侧之羽，谓之披肩，披肩须大而不交，不成环状者为佳。环眼皮而上，须露出半月形之白眉，谓之'露眉'。上下唇相关连处（嘴角），须各生有色羽一撇，俗谓之'胡'。头须算盘子，嘴须阴阳，凤须立，眼皮须蜡，眼须金，尾须与帽为一色。勿花裆，勿白腰，紫勿有钱。形态须长脖细像，嘴须短或墩，头与颈之闪色尚蓝而绿（素闪），其紫而红者（红闪）不佳。此老虎帽之大略形状也。黑与紫均如此。"

于记页20老虎帽示意图

鸽谱所绘仅有黑老虎帽一幅，无紫老虎帽。

附　黑花脖子

附　紫花脖子

于记页26花脖子示意图

黑点子与黑乌配合，紫点子与紫乌配合，经几代之培育，其中少数差如人意，成为黑老虎帽和紫老虎帽。多数嗉上或脑后有杂毛，成为黑花脖子或紫花脖子。故讲究养家不以花脖子为正规品种。

虎头雕 ▲

（乙43）

虎头雕

此为黑老虎帽，双凤头，阴阳墩子嘴，白眼皮，金眼，花色整齐，大披肩，胸前净无杂毛。虽未"露眉"，因眼皮白而宽，故无大碍。即使闪色偏红，也应列入上品。

乙43摹自此幅。

图71（甲23）

一〇　玉翅

全身色羽，两翅有白翎之鸽曰"玉翅"，有黑、灰、紫三种。

《鸽经》称黑玉翅曰"亮翅"，见条 22："纽凤雀爪，翅左右有白羽各半，如鹤秀，宜银眼、玉眼。如他色则为皂子。"又称"玉翅"，见条 50 皂子："玉翅，两翅白羽，左七右八。"亮翅在花色类，乃观赏鸽；玉翅在飞放类，"可千里传书"。

于记页 36 黑玉翅："必头圆，凤大，嘴短，素闪，翅匀称，眼葡萄，身材短小，眼皮宽腻。忌金眼，忌红闪，忌夹条，忌花裆。"因玉翅受养家钟爱不亚于点子，故讲求甚多，可补充如下：以八个趾爪皆黑为贵，此"黑气儿正"之证。两翅白翎多少要适中，多至八根而止，少不得少于四根。在此范围内最能体现玉翅花色之美。两翅白翎数目差别不可超过一根，逾此便是"偏膀"。忌腿毛与鳞甲（俗称曰"瓦"）相交处形成白色箍，曰"白裤腿"，有此者多花裆。

鸽谱有黑玉翅七幅。

一　黑玉翅

灰哆啰玉翅

此幅一对，黑色不正，两翅白翎过多，不下十根。荤闪，墩子嘴，粗黄眼皮，金眼，入下品。

图72玉翅冠以"灰哆啰"三字，殊费解。甲谱另有题名"黑哆啰"玉翅者，实为一对大花，且恶只堪"拽（zhuāi）大笼"（即售与卖食用鸽的鸽贩），已编入杂花混种类（见图167）。经对比，仍不知"哆啰"之义。承赵传集先生见告，山东称松果（按北京称"松塔儿"）曰"松哆啰"或"松多楼"。但仍不能解释何以玉翅有"哆啰"之名。

图72（甲64）

灰哆啰玉翅 ▲

银夹翅 ▲

银夹翅

玉翅而题名"银夹翅",有弄巧成拙之嫌。因"夹条",即白色翅翎中夹有异色者,乃玉翅之大忌。故名中有"夹"字,不妥,容易引起误会,认为白翎中有夹条。

图中一对,黑色不正,鸡头,长嘴,灰眼皮,金眼。腰上有杂花。下品。

图73(甲84)

孔雀头玉翅 ▲

孔雀头玉翅

用"孔雀头"名鸽，可能谓鸽之头颈部分羽色闪蓝绿色光（即素闪），有美化之意。殊不知孔雀头小而长，不符合观赏鸽头相标准，更甚于鸡头。

此对黑色纯正，素闪，白眼皮，均优于前者。两翅白翎约七八根，比较合适，惟鸡头、白沙眼终是大疵。

银夹翅 ▲

银夹翅

双凤头，粗白眼皮，金眼，素闪，白膀约八九根。惟头嘴仍去算盘子、短嘴甚远，列中下品。

图75（丙33）

端银盘玉翅 ▲

端银盘玉翅

　　北京称白毛脚之鸽曰"踩云盘"，谓飞起如踩在云盘之上。谱题名"端银盘"，于记作"踏云盘"。按"端"（音 chuài）有蹬踩之意，不及"踩"字恰当。"踏"与"踩"字义相近，但音不谐。故不及"踩云盘"允当而形象。

　　此对脑相不佳，双平头，半长嘴，白眼皮，金眼，荤闪，入下品。

　　乙44摹自此幅。

（乙44）

图76（甲24）

乌玉银盘 ▲

乌玉银盘

　　与前幅同种，黑色较正，素闪，但头嘴仍不佳，且是白沙
眼，入下品。

图77（丙11）

[毛脚火燎烟玉翅] ▲

[毛脚火燎烟玉翅]

未题名。黑色泛红，北京称此色曰"火燎烟"，故为拟名[毛脚火燎烟玉翅]。色既不正，白膀又小，加上鸡头细长嘴，愈增其丑，入下下等。

北京考究养家以无毛脚黑玉翅为正品，踩云盘为小品。以上七幅玉翅，竟无一对佳者，甚以为憾。今试以丁8葡萄眼黑皂为样本（见图24），如有黑玉翅形象悉如该对，并易铁青眼皮为宽青白眼皮，则可居上品，堪称合格之黑玉翅矣。

图78（丁17）

二 灰玉翅

《鸽经》未见有讲灰玉翅的条款。

于记页37论灰玉翅颇详："有背上呈深黑色斑文者，曰'斑点灰玉翅'，有两翼有二深黑色条纹者，曰'灰玉翅'。此二条纹，俗谓之'楞'。"又页48："灰玉翅，形体态度，俱同于黑玉翅，而体略小，以嘴短凤大，眼皮白腻者为贵，固无论斑点不斑点也。能翻金斗者，谓之'金斗灰玉翅'。北京考究之家，多喜豢灰玉翅，金斗则不甚重视。"

按白膀大的灰玉翅，往往在头上长出白羽，乃至自颈以上全白，北京称之曰"灰花"，视为灰玉翅之变种。只要白膀不夹条，灰尾不夹尾，养家仍不视为弃材。

鸽谱绘有灰玉翅两幅，灰花一幅。

串子

《鸽经》条51银灰串子："色如初月，翅末有灰色线二条，此种飞最高，一日可数百里。飞放之中，此其冠也。"此对为串子中有白翅者。尖嘴，白眼皮，金眼，体形短小精悍，确是善飞之相。

乙31摹自此幅。

（乙31）

图79（甲49）

串子 ▲

[白毛脚瓦灰玉翅] ▲

[白毛脚瓦灰玉翅]

　　未题名。白毛脚，灰色较深，故拟名[白毛脚瓦灰玉翅]。双平头，头嘴尚佳，只睛色太淡。脚上白毛长而多，飞时灿然可观，品格可列中等。类此长毛脚，不宜在瓦房上起落，瓦缝容易戳断脚毛。考究之家特为建无瓦灰棚或"棋盘心"瓦房，可减少脚毛断折。

图80（丁26）

雪灰蝶 ▲

雪灰蝶

　　此对尾为灰色，与白尾之峡蝶花色不符，故题名欠正确，实为"大膀灰玉翅"，或称之为"灰花"更为确切。

　　短嘴，金眼，眼皮窄而红，头上花色欠整齐，故品位不高，列中品。

图81（丙36）

紫玉翅 ▲

三 紫玉翅

《鸽经》未见有讲紫玉翅条款。于记页46论紫玉翅："此鸽形态状貌，俱同于黑，而色泽尤贵纯正。京师颇重视此鸽，吾今特述一佳者：嘴短而紫，头圆若算珠，荷包凤，眼皮白腻而宽，眼帘金红，颈长而挺秀，翅为五六根，或双五根，紫羽深浅得中，不花腰，不花裆，不白腿箍，全身素闪，而又不毛腿毛脚者，此上品也。最忌花腰、夹条、花裆、紫色不正。另有一种，视前者而小，自腿至爪指，满生白斗，俪以玉翅，美丽可喜，庭前阶下，足资点缀也。"

按紫玉翅病忌于氏尚有遗漏，即尾翎之端不得有浅色圆垫，俗称"钱"。鸽谱中紫玉翅仅有一幅。

紫玉翅

紫色稍嫌暗浊，欠鲜纯。双凤头，头嘴一般，白眼皮，金眼，大白膀。虽不及于记所述一对完美无瑕，亦已难得，可列中上等。

图82（丙29）

一一 乌

前部色羽如乌头，尾部色羽如点子，只中段白色，北京称之曰"乌"。黑色者曰"黑乌"，紫色者曰"紫乌"，也是北京养家较为钟爱的品种。

《鸽经》称之曰"两头乌"，在条30靴头中言及："又一种两头乌，白身，头尾俱黑。嘴类点子，形如靴头，凤头金眼者佳。豆眼、碧眼者次之。又一种两头紫，最佳。"早于张扣之有王世贞《驯鸽赋》："或雪毛而黔其首尾"，可能即指此品种。

于记页21—22对黑乌、紫乌讲述颇详："谚云：十个乌，九个乏，得着一个就不差。此言'乌'之善飞者少也。'乌'之状，类老虎帽，顶颈之黑羽，须下部直至胸骨以下，上部至背，俗谓之'葫芦'。尾黑色，余均白色，以黑羽整齐，无间杂色者为贵。嘴短而墩厚，不为阴阳。眼皮贵白而腻，眼帘有金眼、豆眼之别。豆眼在点子、老虎帽俱为瑕疵，独于乌为可珍，谓之'豆眼乌'。颈项之闪，无论金眼、豆眼，均尚素闪，红闪不足贵。凤须大，颈须长，毛羽须紧，丰神须峭挺，体魄须雄强，尾须棒椎，数须十二。裆忌花，凤忌倾，翼忌短散，此黑乌之大略也。易黑羽而为紫，则谓之紫乌。紫乌之头、眼、眼皮、葫芦、嘴、凤……均同黑乌。惟嘴须紫，其作肉红色者，俗谓之'白嘴'，不足取。豆眼尤难得，多素闪。羽之色，同于点子，尾羽尤忌钱。'炉灰渣'色者，谓近于黑也；'猴儿头'者，谓色过于浅也……"

鸽谱有黑乌三幅而无紫乌。

于记页22黑乌示意图

白蛱蝶 ▲

白蛱蝶

　　此名显然有误，与鸽谱其他题名蛱蝶者，花色全无似处，而黑头黑尾，可勉强称之为黑乌。曰"勉强"是因其黑羽前不及背，后不到腰，嗉下无"葫芦"可言，故去合格尚有较大距离。

　　乙35摹自此幅。

图83（甲85）

（乙35）

腰玉 ▲

腰玉

"两头乌"言前后黑，"腰玉"言中段白。以此名黑乌，不难理解。但舍习惯名称不用而改用新名，即使尚属合理，亦易滋混乱。

此对双平头，白眼皮，金眼，头嘴颇佳，品格中上等。

图84（丙32）

[黑乌] ▲

[黑乌]

　　未题名。拟名[黑乌]，花色符合标准。双凤头，嘴短而粗，细白眼皮，金眼，体型亦佳。前部黑羽过嗉到胸，称得上"大葫芦"。黑尾亦齐整。可列上上等。如豆眼，更可贵。

图85（丁37）

附　铁翅乌

附　铜翅乌

　　北京称黑乌两翅有黑翎者曰"铁翅乌"，紫乌两翅有紫翎者曰"铜翅乌"。均属珍贵品种，紫色纯正者尤为难得。

　　《鸽经》未见有讲述铁翅乌、铜翅乌条款。

　　于记页24有论铁翅乌条，对两翼黑翎之要求叙述甚详："形体状态，均同黑乌，考究珍贵，亦与黑乌无异。仅于翼之边条以内，一、二条（九条、八条）或三、四条（九、八、七、六条）易为黑羽耳。惟必须两翼对生，无少差异，或仅差一条，始足贵。如左翼之边条、九条为黑羽，则右翼亦须如之，谓之'双二根'（襄按"双"读shuàng，下同）。其两两对生至三、四根七、八根者，则谓之'双三'、'双四'……若右翼无黑羽或少或多至二翼以上者，皆谓之'偏膀'。若边条为白，九条为黑，或边条以下黑白相间者，皆谓之'夹条'，均弃材也。由双二至双五，俗谓之小膀；双六至双十，俗谓之大膀。……其左翼黑六根，右翼黑七根者，谓之'六七根'。盖两翼黑羽，仅差一根，不足病也。凡论翼者皆如此……翼之整齐者，又往往花盖。其不花盖、不夹条，头、嘴、尾、目，皆中程式而膀又在不大不小者，真难觏也。"

　　按：对铜翅乌之花色要求与禁忌与铁翅乌同。

于记页24铁翅乌示意图

鸽翅条数示意图

　　鸽谱无铁翅乌，只有一幅不合格之铜翅乌。

四平 ▲

四平

　　长嘴，浅红眼皮，金眼。由于此对颊上有白毛，前部紫羽不及背，达不到"大葫芦"标准，故称之为不合格铜翅乌。但两翼紫翎整齐，清代初期有此鸽，已出吾意外。直到本世纪30年代，此品种尚极少净洁无杂毛者。

　　乙6摹自此幅。

图86（甲30）

（乙6）

一二 环

北京称白色鸽而项有色环的曰"环"，其上冠以环之色而有"黑环"（又曰"墨环"）、"紫环"、"蓝环"等称。色鸽而项有白环的曰"玉环"，冠以鸽身之色而有"黑玉环"、"紫玉环"之称。

《鸽经》讲到环之条款有二，条26玉带围："长身矮脚，金眼纽凤，音中宫，其鸣悠长。横有白羽一道如带。有黑宜白围，白宜黑围、紫围。紫宜白围，一名紫袍玉带，三色。"又条40套玉环："色宜纯，环宜细。状若靴头者次，形如银棱者佳。纽凤，短嘴，金眼。有黑白环、紫白环、蓝白环三色。一种白质紫环，或黑环者最佳，惜不恒有。一名套项。"

按《鸽经》不应有重复之条，但往返阅读，终觉上引两条所言同属环类之鸽。条26计有：黑玉环、墨环、紫环、紫玉环；条40计有黑玉环、紫玉环、蓝玉环、紫环、墨环。品种有重复。其中最为罕见者为蓝玉环，笔者尚未见过。常见而《鸽经》失载的有"蓝环"。

于记有多处述讲环类品种，分别录引如下。页40墨环"……全体白色，项环黑羽一周耳。其短嘴、立凤、白眼皮、金眼者，尤难得。往往头、眼、凤均中式，而眼皮红色；又往往眼皮佳矣，而眼为豆眼。"页47紫环："俱同于墨环，亦以色正、眼金，眼皮白细者为贵。虽各部皆中式，而眼皮较粗微黄者，亦是寻常之品。"页50蓝环："状如墨环、紫环，其考究程式亦与之同，惟佳者则颇难得。盖环色过浅，则失之灰，过深则失之褐，其深浅得中，而又呈素闪者，百不一遇也。"

闻老养家言，晚清北京绝少环与乌头。庚子年慈禧避难至西安，随行者不乏爱鸽者，见关中有此品种，携之东归，此后北京渐多。惟携来者多为红眼皮，经多年培养，白眼皮始育成并稳定不变。

墨环、紫环、蓝环或有断存上半，或残存一段，横压颈上，名曰"压脖儿"，乃环之变种。如"压脖儿"与乌头配，生雏往往"返窝"为环。压脖儿不被养家视为正规品种。

鸽谱无墨环、紫环、蓝环，仅一幅黑玉环。

于记页41墨环示意图

玉环 ▲

玉环

正规名称应作"黑玉环"。双平头，半长嘴，眼皮粗黄，睛色因目闭不能见。白环极细，与《鸽经》"环宜细"之说合。北京虽不尚宽环，以防有"寒鸦"血统。但亦不宜窄于三指宽度。此对有过细之嫌。列中等。

乙15摹自此幅。

图87（甲39）

（乙15）

一三　乌头

自胸部分界，前半色羽，后半白羽，名曰"乌头"。有三色："黑乌头"、"紫乌头"、"蓝乌头"。亦名"黑头"、"紫头"、"蓝头"。

《鸽经》称乌头曰"靴头"，见条30："自项平分，前后二色，高脚雁隼，金眼纽风。他种风头雌多于雄，惟此种雄多于雌，有黑、紫、蓝三色。沙眼、银、碧等眼，俱不入格。"

各色乌头，于记均有论及：页39乌头："头之形状，与乌同。其佳者须短嘴、立凤、金眼、白眼皮、算珠头、大葫芦、素闪。忌长嘴、豆眼、白眉、花嗉、夹尾。体愈壮大，愈善飞翔，为冲锋陷阵之上品。"页47紫头："俱同于乌头。色正，眼金而眼皮白细者即为佳种。然白眼皮固至难得也。"页51蓝头："以长脖细相而又色正者为贵。金眼而又白眼皮者尤为难得。"

鸽谱绘有乌头四幅，黑、紫各二，无蓝乌头。

黑靴头 ▲

黑靴头

　　一平一凤，白眼皮，金眼，但头嘴欠佳，且为荤闪。当今在北京，此对只能列中下等。在清初则十分难得，定视为珍品。

　　乙28摹自此幅。

图88（甲54）　　　　　　　　　　　　　　　（乙28）

[黑乌头] ▲

[黑乌头]

　　未题名。拟名[黑乌头]，或[乌头]。体型壮硕轩昂，头圆嘴粗，均胜前一幅所绘。双平头，白眼皮，金眼。胸前黑羽须向下再延伸约一指宽，方达到"大葫芦"标准。再易平头为凤头，便无可挑剔，列为上等。

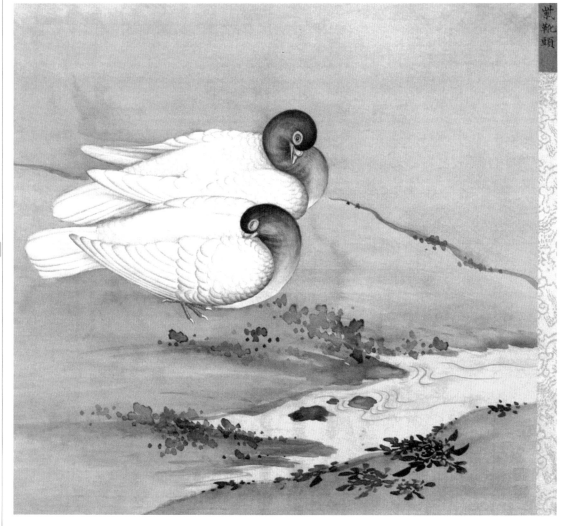

紫靴头 ▲

紫靴头

　　双平头，白眼皮，金眼。头嘴一般。头部紫色尚可，以下渐
淡，至嗉间几成白色，自然不入格，只能列下等。

　　乙22摹自此幅。

图90（甲48）　　　　　　　　　　　　　　（乙22）

玉岭朝霞 ▲

玉岭朝霞

　　此为相当标准之紫乌头，颜色纯正，头嘴尚佳，白眼皮，金眼。虽双平头，荦闪，亦可列上中等。

　　从鸽名来看，无论如何也想不到是紫乌头。鸽谱题名，往往华而不实，此是一例。

图91（丙24）

一四 银尾

全身色羽，只尾为白色曰"银尾"，有黑、灰、紫三色。北京称之曰"黑银尾"、"灰银尾"、"紫银尾"。

《鸽经》条25十二玉栏杆："有银灰、青灰二种，纽风短嘴，自腹下前后，平分二色。白尾十二，故名。形较尖稍大，鸽之小者，此其一也。一名'半边'，宜豆眼，他者不入格。又一种黑者，纯黑，背有银毛梳背，最佳。如止尾白者，为'插尾'。"据上文，十二玉栏杆主要指灰银尾，半边指豆眼灰银尾，插尾指黑银尾。"背有银毛梳背"，北京养家将视为不应有之杂毛，而扣之认为"最佳"。可见古今标准之异。

于记页33述及银尾："全身均为黑羽，仅尾羽为纯白色者，曰'黑银尾'。全身均为紫色，尾为白色者，曰'紫银尾'。此鸽多长嘴，红眼皮。如嘴短，眼皮较白，全身无杂羽，而色泽甚正者，即为佳种。银尾之尾，上须至腰，下须至裆，纯为白羽，无间他色。其间杂色羽者，谓之夹尾，若翼之夹条也。凡购置此鸽，最要须先数其尾之硬羽，是否为十二根（无奇数），或十四根：凡有缺者，概为夹尾之拔去者。即或不缺，尤须评审其着生之臀尖，用以防鸽贩截插之弊。盖鸽之重翼者，须详审其翼，重尾者，须详审其尾也。"非厂先生讲到黑、紫两色银尾，但漏掉灰银尾。本世纪前半叶，灰银尾比紫银尾更为罕见。

海外不仅有黑银尾，也有紫银尾。见下图，取自美国勒维《鸽种全书》图649。

紫银尾

鸽谱有黑银尾三幅，灰银尾二幅，无紫银尾。

银尾凤 ▲

银尾凤

　　黑银尾，　一平一凤，半长嘴，白眼皮，金眼，荤闪，可列中等。腰尾之间分界不齐，有杂毛，《鸽经》条25所谓"背有银毛梳背"，不知是否即指此。

图92（甲14）

青青鸟谱

第一类 曾见品种

银尾粤鸡 ▲

银尾粤鸡

　　黑银尾。"粤鸡"费解，或因产自广东，故名。半长嘴，细而尖。双平头，浅灰眼皮，金眼。腰尾间无杂毛，两色分界齐整，优于前幅，可列中上等。

图93（丙20）

[黑银尾] ▲

[黑银尾]

未题名。拟名[黑银尾]。双凤头，短嘴，脑相优于前者。宽白眼皮，金眼，素闪，微泛红色。三对之中以此为最佳，列上等。

图94（丁28）

银尾瓦灰 ▲

银尾瓦灰

　　灰银尾，　一平一凤，半长嘴，白眼皮，金眼，素闪。腰间白羽嫌稍多，因品种罕见，仍可列上等。侧身拳足，乃鸽之常态，然亦不易描绘传神，而此幅得之。

　　乙4摹自此幅。

图95（甲28）

（乙4）

[瓦灰银尾]▲

[瓦灰银尾]

　　未题名。此对灰色较深，故拟名[瓦灰银尾]。双平头，白眼皮，金眼，短嘴。脑相优于前者，闪绿多于红，列上等。

北京有鸽曰"鹤秀"，头顶、面颊、嘴角或有色羽，或无色羽。背有色羽两块，左右对称。依其毛色之异，有紫鹤秀、黑鹤秀、蓝鹤秀等称。亦可简称为紫秀、墨秀及蓝秀。

《鸽经》条28鹤秀："银嘴，鸭掌，菊凤。头尾俱白。有黑、紫、土合、蓝四色。羽毛如鹤之秀，故云。宜豆眼、金眼。两腋稍见杂色者，不入格。"

《鸽经》条39紫腋蝶："白质紫纹，嘴有灰色毛，四瓣，如蝶之形，腋有锦羽二团，如蝶之色，故名。银嘴淡金眼者第一。此种不待调养，天性依人，良种也。又有黑、白质黑花，蓝、白质蓝花。浅蓝色者佳。翅后有紫棱者为斑子。二色。又一种青花，最类斑点。以嘴衔蝶，故列腋蝶之后。"对上条有两点当指出：一、嘴旁有灰色花斑如蝶者为腋蝶品种之特征，亦《鸽经》据以分类之标准。二、"腋有锦羽二团之'腋'，不可理解为腋下之腋，而实为翅膀之上，即鸽之背。首先就字义而言，'腋'原不专指腋下，或俗所谓"夹肢窝"。腋，《增韵》称："左右胁之间曰腋。"《集韵》："腋，胳也，左右胁之间曰腋。"胁，《说文》："两膀也。"《玉篇》："身左右两膀也。"均未限定腋只指肩下之夹肢窝，而实包括肩膀部分。其次，援引《鸽经》其他条款亦可证明腋在背上。条44麒麟斑："麒麟斑即腋蝶，嘴无杂羽，腋无异色，背上斑文如鳞甲，因名。"此条分明说腋蝶斑文在背上。第三，鸽种中只有花纹生在背上者，而无生在翅下夹肢窝者。倘一味认定腋蝶之色羽在翅膀之下，即腋下或夹肢窝，将因找不到如此花色之鸽而感到困惑。

于记对鹤秀亦有论述。页34墨秀："头、尾、翼、腹为白色，颊与凤及背均为黑色，谓之墨秀。"页45紫秀："此鸽以灰色为原种，谓之鹤秀。紫色并非纯紫，仅于每一羽片，围以晕耳。"

仅从以上几段引文来看，一时还看不出鹤秀和腋蝶在花色上有何关系。如果再看于记页34之鹤秀示意图，并结合鸽谱中题名鹤秀、蛱蝶几幅彩图来看，将会得出鹤秀、腋蝶、蛱蝶三者，在花色上有密切关系，甚至得出原属同一品种之结论。

鸽谱有鹤秀七幅。

于记页34鹤秀示意图

蓝鹤秀 ▲

蓝鹤秀

　　双平头，半长嘴，红眼皮，金眼，色红接近朱砂眼。背上蓝色羽毛两块，鲜明而齐整。胸腹部位，并非纯白，而微呈蓝色，非鹤秀所应有，故严格说来，还不能称之为真正的鹤秀。两鸽面颊嘴角无色斑，故不符合《鸽经》腋蝶之特征，而与该书条28鹤秀中之蓝鹤秀大体符合。

　　蓝鹤秀当年北京虽有，但极罕见，故于记未述及。

　　乙24摹自此幅。

（乙24）

图97（甲96）

蓝鹤秀

[紫鹤秀]▲

第一类 曾见品种

[紫鹤秀]

　　未题名。面颊嘴角无色斑，依《鸽经》定名为[紫鹤秀]。北京亦称之为紫鹤秀，或紫秀。双凤头，墩子嘴，粉红眼皮。睛色接近朱砂眼。列上等。

图98（丁5）

紫蛱蝶 ▲

紫蛱蝶

面颊有灰色斑纹，与《鸽经》腋蝶正合。亦即该书条44所谓"背上花纹如麟甲"之"麒麟斑"。北京仍称之曰鹤秀，或紫秀。一平一凤，半长嘴，黄眼皮，金眼，可列中上等。

乙7摹自此幅。

（乙7）

图99（甲35）

花蛱蝶 ▲

花蛱蝶

　　此图所绘与图99（甲35）所绘为同一品种。两图同在甲谱，而一名"花蛱蝶"，一名"紫蛱蝶"。按"紫"标明鸽之颜色，"花"则不拘何色皆得曰"花"，故有含混不清之嫌。显然宜用"紫蛱蝶"，不宜用"花蛱蝶"。于此可见鸽谱题名，不够严格。

　　此对长相品格与图99一对相似，亦列中上等。其"换气"姿势，回颈衔喙，两头相并，又呈一态。

　　乙14摹自此幅。

图100（甲98）

（乙14）

黄蛱蝶 ▲

黄蛱蝶

　　图100、101名虽小异，实与图99同一花色品种，面颊嘴角均有色斑。于此可见《鸽经》所谓之"腋蝶"，至清代已改名"蛱蝶"。如统一名称，以"紫蛱蝶"较为妥当。因三幅鸽背之色，乃紫而非黄。"花"不说明颜色，故不如用"紫"。

　　乙1摹自此幅。

紫蛱蝶 ▲

紫蛱蝶

　　此对面颊有花斑，仍是《鸽经》所谓之腋蝶。紫色较深与图99—101所绘稍异。北京仍称此曰鹤秀或紫秀。双平头，白眼皮，金眼，墩子嘴，花色整洁，可列上等。

图102（丙15）

黑蛱蝶 ▲

黑蛱蝶

　　此即《鸽经》条39紫腋蝶中所谓"黑、白质黑花"之黑腋
蝶。北京称之曰黑鹤秀或墨秀。黄眼皮，金眼，花色整齐，但体
型较差，可列中上等。

图103（甲61）

据以上《鸽经》所述，鸽谱所图，经过参较阅览，研究分析，对鹤秀、腋蝶、蛱蝶三个名称之花色异同及含义变化，得出以下认识：

一、鹤秀、腋蝶、蛱蝶三者，头尾、胸、腹及两翅皆白，故基本相同。但《鸽经》将面颊角嘴有花斑者称为腋蝶，无花斑者称为鹤秀。

二、鸽谱也将面颊无花斑者称为鹤秀，如图97蓝鹤秀。有花斑者则不再沿用《鸽经》腋蝶一称，而改称蛱蝶。如图99—103。

三、自本世纪以来，北京已不知"腋蝶"及'蛱蝶'两称，而不论面颊、嘴角有无花斑，一律称之为"鹤秀"。鸽谱有时误用鹤秀之名，将胸嗉间有色羽如环，甚至色羽延伸至脯腹成为四块玉者，也题名为鹤秀，见图106。这只能说鸽谱题名不够严格。

按国外亦多花色近似腋蝶、蛱蝶、鹤秀之鸽，且多短嘴、算盘子头，品位甚高，符合我国观赏鸽标准。其背上花纹，统称shield，因上宽而圆，下狭而尖，形状略似外国盾牌而得名。其具体品种，有Owl Brunette，Satinette等。可见中外鸽种交流，由来已久。

一六　三块玉

鸽如玉翅而易色尾为白尾，便是"三块玉"。

《鸽经》未见有言及三块玉条款。

于记页35述及三块玉："在黑色者，头为黑色，谓之'黑三块玉'。在紫色者，头亦紫色，谓之'紫三块玉'。以嘴短而两翼之白羽匀停，不夹尾者为贵。"鸽谱无三块玉图。

一七　四块玉

鸽如三块玉而易色头为白头，便是"四块玉"。

《鸽经》未见有言及四块玉条款。

于记页35述及四块玉："与墨秀似同而实异。头及凤，尾与翼，均为白色，但嘴须短，头须圆，眼皮须白细，眼色须金，两翼之条，须大小匀称（如双四根，六根，或五六根，七八根），而身体须小不盈握。"

鸽谱所绘可名之为四块玉者有三幅，黑、灰、紫各一。

[跟斗黑四块玉] ▲

[跟斗黑四块玉]

　　未题名。头嘴颇佳。双凤头，粉红眼皮，豆眼。两翼白膀匀称，首尾与身躯黑白分界整齐。正在翻滚一头，亮出完整之黑色胸脯，符合四块玉之花色要求，可列上等。拟名[跟斗黑四块玉]。

图104（丁31）

四块玉 ▲

四块玉

平头，墩子嘴，红眼皮。两鸽均只见其背，难言其正面花色。倘自颈以下直至裆间亦为灰色，则是灰四块玉，且可列上等。因四块玉不论何色，均为罕见品种。倘白而非灰，或灰白相间，则是蛱蝶或鹤秀之变种，不入品。

画幅题名之上应加一"灰"字，始有别于黑、紫两色四块玉。鸽谱题名往往欠完整准确，此是一例。

图105（丙4）

紫鹤秀 ▲

紫鹤秀

此对自胸至裆均为紫色,故实为四块玉。谱题为"紫鹤秀",实误。

双平头,头嘴尚佳。粉红眼皮,金眼,花色尚整齐,只紫色偏暗欠纯正,但仍得列上等中、或上等下。

乙29摹自此幅。

（乙29）

图106（甲43）

一八　五块玉

五块玉示意图

生有白毛脚之四块玉为五块玉。有黑五块玉、紫五块玉。

《鸽经》未见有言及五块玉之条款。

于记页 35 述及五块玉："此鸽无论平视、飞视，均至为美丽，而雌雄相偶，体态轻盈，花前阶下，颇资点缀也。"

鸽谱无五块玉图。

一九　楞子

北京称全身黑色，两翅偏后有两道白楞之鸽曰"楞子"，有两道紫楞之鸽曰"紫楞"。

于记页39楞子示意图

《鸽经》条21金井玉栏杆："金眼凤头，翅末有白棱二道，如栏。若银眼、豆碧等眼者，不入格。一名银棱。"笔者1990年访太原迎泽桥鸽市，闻人称楞子曰"栏杆"。可见古代鸽名在山西尚未完全消失，北京则久已无人知之矣。

于记页 39 述及楞子："全体均呈黑色，仅于两翼之中间，生有灰色二条纹。京语对于条纹每谓之'楞'，如窗户楞之类是……惟无紫色者，仅全体黑羽，翼有两条紫楞耳。"

鸽谱绘有楞子四幅，紫楞一幅。

雪花银楞 ▲

雪花银楞

双平头，长嘴，鸡头，灰色眼皮，金眼，荤闪。翅上两道白楞连成一片，不入格，入下等。题名妄加"雪花"两字，实为蛇足。

图107（甲18）

银楞 ▲

银楞

　　双平头，鸡头，长嘴，白眼皮，金眼，荤闪。翼上白楞虽稍胜前一幅所绘，仍嫌欠明朗齐整。入下等。

　　乙42摹自此幅。

金井玉栏杆 ▲

金井玉栏杆

双凤头，白眼皮、金眼，墩子嘴。脑相尚可。素闪，但仍有泛红处。两道白楞清晰整齐，远胜以上两幅所绘。惟体型嫌过大。列中上等。

图109（丙23）

[楞子] ▲

[楞子]

　　未题名。拟名[楞子]。体型短小精悍，优于前者。双平头，
短嘴，白眼皮。脑相接近算盘子，白楞明晰。只金眼色淡，乃其
小疵。列上等。

图110（丁6）

[紫楞] ▲

[紫楞]

　　未题名。全身黑色，翅上有紫色楞两道，定名[紫楞]。

　　双凤头，短嘴，算盘子头，宽白眼皮，金眼，素闪。此品种甚少，形态花色又无一不佳，列上上等。

图111（丁35）

二〇　麻背

麻背、麸背乃北京过去常见的两种黑色背有碎小花纹的观赏鸽。

《鸽经》称麻背曰坤星，见条23："金眼凤头，背有星七如银，左三右四。按坤星与银棱、亮翅、麸背，皆纯黑白斑。其名虽异，其种则一。银棱巢中，间产麸背。"富察敦崇《燕京岁时记》所记鸽名有"七星凫背"，按即"七星麸背"。于记页38述及麻背："全体均为黑色，仅背上呈灰褐色斑文，故谓之麻背。体须小，头须圆，嘴须短，斑文须清晰。又有全体作紫色，斑文为灰黑色者，前者谓之黑麻背，后者谓之紫麻背。此鸽矫健善飞，可称为短小精悍。"按紫麻背本世纪30年代已十分稀少。麻背与麸背花色近似，故二者均可有七星。曾见两膀翅翎之尖，各有七个白点，与"左三右四"之说不同。

鸽谱绘有麻背二幅。

雪花 ▲

雪花

花纹杂乱无章，乃不合格麻背。"雪花"可能为麻背别名。

双平头，鸡头，黄眼皮，金眼，荤闪。仰望一头额下，掀翅一头右胯，均有白色杂毛，不入格。列下等。

图112（甲67）

雪花 ▲

雪花

　　此为较标准之麻背。双平头，短嘴，白眼皮，淡金眼，素闪。背上花纹匀称绚丽，可列上等。

　　为了展示麻背花纹之绚丽，画师特绘鸽一敛翅、一展翅。精心状写，曲尽高低起伏处花纹之变化。

图113（丙35）

二一　麸背

麸背背上花纹比麻背更为细碎，言其有如小麦磨面后筛出之麸屑。

《鸽经》条 20 称麸背曰"巫山积雪"："金银短嘴，纽凤雀爪，肩宽尾狭，音中角，其声最高。纯黑无间，背上有白花，细纹如雪，故名。一名麸背。有一种豆眼，项上有老鸦翎者，不入格。"

于记未讲到麸背。

鸽谱绘有麸背两幅。

七星负背 ▲

七星负背

"负"为"麸"之误。两头均有糟毛，白眼皮。睛色较深，似为豆眼。鸡头，半长嘴，荤闪。背上花纹尚整齐，但有黑色杂毛。列中等。

图114（甲73）

坤星 ▲

坤星

据图此为麸背，而题名"坤星"。坤星乃《鸽经》用以名麻背者。因二者花色近似，故易淆混。

此对双凤头，墩子嘴，豆眼，素闪。背上羽毛黑边极小，故几成一片白色。列上等。

图115（丙12）

二二　雪花

白羽与黑羽相间，曰黑雪花。白羽与紫羽相间，曰紫雪花。除头、翅尖、尾为色羽外，全身两色相间颇匀，如雪片落到黑鸽或紫鸽身上，故名。《鸽经》无讲述雪花条款，鸽谱亦无图。

于记页28雪花示意图

二三　铁翅花

黑羽与白羽相间者曰铁翅花，紫羽与白羽相间者曰铜翅花。头、两翅及尾皆色羽，胸、背部分色羽与白羽相间，但不像雪花那样两色相间均匀。北京养家不视之为正规品种，畜者不多。《鸽经》无讲述此品种条款，鸽谱亦无图。

于记页30铁翅花示意图

二四　寒鸦

花色与白脯之寒鸦近似，故名。黑色者曰黑寒鸦，紫色者曰紫寒鸦。北京养家不视之为正规品种，畜者甚少。《鸽经》无讲述寒鸦条款，鸽谱亦无图。

于记页33寒鸦示意图

二五　喜鹊花

有紫、黑两种。黑者头、翅膀、尾为黑色，胸脯及肩为白色。紫者头、翅膀、尾为紫色，胸脯及肩为白色，因花色近似喜鹊而得名。它与铁翅花实出同一种源，文理较为整齐，但北京也不视之为正规品种。《鸽经》条38为"鹊花"，并谓"文理与喜鹊无别"。"鹊花"与北京之喜鹊花是否为同一品种，待考。

北京之喜鹊花与鸽谱之"雀花"（图140、142、143）肯定不是同一品种，显著的区别在喜鹊花之翅膀为黑色或紫色，雀花之翅膀为白色。"雀花"与《鸽经》之"鹊花"有可能是同一品种。

鸽谱无喜鹊花图。

为了搞清楚华北地区喜鹊羽毛的花色，不得不求教于鸟类学家。承蒙中国科学院动物研究所徐延恭副研究员提供喜鹊图片及《中国动物志·鸟纲第九卷·雀形目·鸦科》中有关喜鹊的文字材料。鸟类学家对喜鹊翅膀花色的描述是："初级飞羽十枚，第一枚较尖狭。初级飞羽内翈具大形白斑，飞翔时明显可见。"用北京观赏鸽养家的语言是："大膀十根，边条尖而窄，每根大膀内侧都有大形白斑，飞时明显可见。"又蒙出示喜鹊标本，看到十根大膀，每根都是黑色镶边，而黑边之内则是白的。故喜鹊落下时因翅膀并拢而是黑的，飞时因翅膀张开而是白的。据上面的观察，可以说羽毛花色和喜鹊完全相同的鸽子是不存在的。《鸽经》谓"鹊花"之"文理与喜鹊无别"，只不过是言其大貌而已，严格说来是和事实不符的。

喜鹊落枝上及展翅欲飞图

第二类 未见品种（图116—146）

　　鸽谱一百八十幅所绘，有不少从未见过。经分析研究，甄别鉴定，三十一种收入此类。其中有通体羽色超出北京观赏鸽白、黑、灰、紫、粉串五种质色，因变异而形成的特殊品种，见图116至118。有羽色黑白颠倒，恰好与习见的两头乌、黑雪上梅相反，如"黑鹤秀"、"白顶皂"，见图135、127。深色鸽背上出现浅色斑纹，因其与斑点灰相反而感到新奇，如"雨点斑"，见图125。有品种已属稀有，更因蓝色而感到珍奇，如蓝雪上梅、蓝四块玉，见图133、138。有据鸽名与喜鹊花应是同种，但花色实异，且为北京所无，如翼为白色之"雀花"，见图140、142、143。有本世纪初已绝迹之"铁牛"、"乌牛"，见图122、123。有消失更久之"合璧"，其花色新奇，出乎想象，未免令人生疑，但《鸽经》有专条，鸽谱为写生，不得不确信曾是名贵品种，见图119。生禽难见，画本可寻，一旦呈现眼前，能不为之惊喜！

　　收入本类之标准为：文理整齐，部位规范，雌雄花色相同，具有稳定性。或见文献记载，或闻故老传闻，足资考证。总之，有理由相信该品种之存在，故与第三类存疑品种有所不同也。

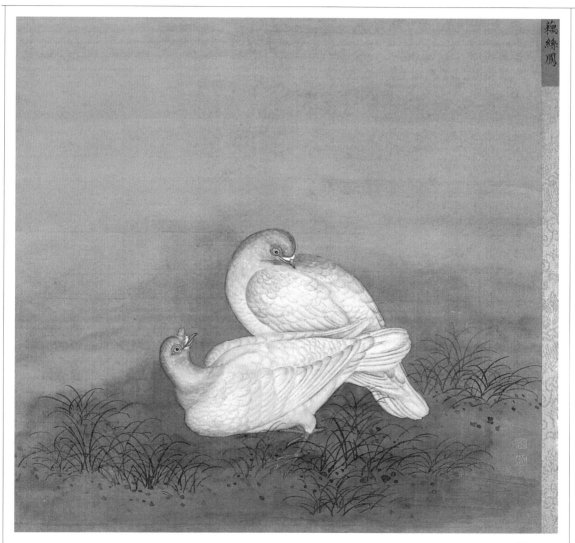

藕丝凤 ▲

藕丝凤

　　通体淡紫，淡到几成白色，从未见过鸽有此色。一平一凤，半长嘴，白眼皮，金眼。

　　藕出淤泥，三五日后，由白变黄而转紫，不知鸽之题名，是否与藕色有关。

图116（甲60）

醉西施 ▲

醉西施

通体淡红色，从未见鸽有此色。题名当寓美人酒后微酡之意。嘴尖而长，红眼皮，金眼。

乙谱11摹自此幅。

图117（甲33）

（乙11）

青鳽▲

青鳽

　　题名与甲19青鳽（图138）重复，花色则完全不同。

　　此对通体白色，颈嗉、翅尖、尾端泛浅蓝色晕。头小尾短，嘴短有钩，白眼皮，白沙眼。体型与银灰串子（图31）有相似之处，惟羽色有别。

　　按"鳽"，音 zhuāng，一说为布谷鸟（《集韵》："鸐鳽，鸟名，布谷也。"），一说为信天翁（李元《蠕苑·物知》："鳽，青庄也，信天缘也。"）。信天翁亦名信天缘。布谷鸟胸有黑色横纹，与此鸽相去甚远。信天翁灰白色，或有相似之处。究竟据何鸟命名，待考。

图118（丙30）

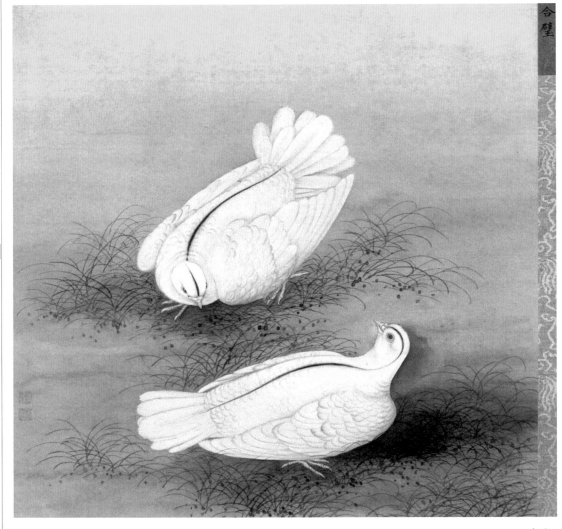

合璧 ▲

合璧

　　数年前读《鸽经》至条27平分春色："一名劈破玉，纽凤，金眼，形如腋蝶。自头至尾，分异色羽一条如线。有紫宜白分。黑宜紫分，或白分。白宜紫分，或黑分。三色。沙眼、银眼，俱不入格。"曾诧讶不已，以为天下之鸽，宁有被一线色羽界分为两半者。及见此幅，不禁拍案惊喜，图文互证，前疑顿释，并悟"平分春色"、"劈破玉"、"合璧"三称虽各有所指，均不失名实相符也。

　　此对双平头，浅红眼皮，金眼，乃是"白宜黑分"一种。

　　乙25摹自此幅。

图119（甲51）

（乙25）

芦花白 ▲

芦花白

　　《鸽经》条35为芦花白："毛泽如玉，间以淡紫纹，若秋老芦花，故名。菊花凤或莲花凤，金眼银嘴，身长脚短，格如鹤秀者佳。有一种银眼者，名明月芦花，精妙不逊射宫。若长嘴高脚，小头沙豆眼者，为杂花白，不入格。"

　　此对羽色淡紫，与"芦花白"有相似处。惟头小嘴长，虽金眼恐已接近"杂花白"，非"芦花白"之佳者。

图120（甲56）

葡萄眼铁牛▲

葡萄眼铁牛

　　幼年聆听老养家讲到铁牛、乌牛，盛赞其短小精悍，健翮凌云，惜本世纪初已绝迹。当时仅知其属黑皂一类，具体形态莫能言，更不知二者之区别。后读康熙诗人李振声（号鹤皋，清苑人）《百戏竹枝词》有"金铃闲听晴空响，春暖家家放铁牛"句，知三百年前，此鸽甚多。今见此幅，并与丙25铁牛（图122）、丙26乌牛（图123）对比，深信绘者乃对鸽写生，忠实可信。体型紧俏短小，眼皮宽白，睛色偏深，当是二者共有之特色。至于区别，铁牛似黑中泛紫，而乌牛则黑色更纯。

　　此对确为葡萄眼，嘴略嫌长而尖。《鸽经》未见有描述铁牛、乌牛条款。于记亦无一语道及，当因民国初年已绝迹之故。

图121（甲2）

铁牛 ▲

铁牛

　　此对与前者品种相同，姿态位置复相似，初疑此为摹本。经仔细比较，此对嘴较短，头较圆，翅较长，睛色较淡，故未题名"葡萄眼"。看来即使在构图上或曾以前幅为蓝本，但面对写生之鸽却非同一对铁牛。正是由于两幅题名之差异，符合睛色之差异，可为作画者态度严肃认真作佐证。

图122（丙25）

乌牛 ▲

乌牛

纯黑，故有"乌牛"之名。与前两幅铁牛黑中泛紫，显然有别。

短嘴，算盘子头，双平头，宽白眼皮，睛色在金眼、葡萄眼之间。颈嗉间闪色，自上而下为红、绿、红，渲染逼真。虽非纯素闪，亦已难得，可列上等。

图123（丙26）

[乌牛] ▲

[乌牛]

　　未题名。据前幅所绘，名之为[乌牛]。双凤头，头嘴眼皮亦胜于前者，列上等。

图124（丁12）

雨点斑▲

雨点斑

鸡头，长嘴，白眼皮，金眼。

黑皂而背上有细小白点，如晴空繁星，平漪细雨，静中有动，绚斓而不喧炽，颇具特色，与麻背、麸背文理不同。

《鸽经》条52为雨点斑。名虽一致，但未必是同一品种。因该条称："墨青，有皂文如雨点。""皂"疑为"白"之误。试思其质既是墨青，又安能有皂文雨点？墨上加皂，岂不黑成一片。故疑原句为"有白文如雨点"。若然，则此幅可为雨点斑作插图矣。

图125（丙21）

[雨点斑] ▲

[雨点斑]

　　未题名。花色颇似前幅雨点斑，惟白点大而疏，不遍布背上而在小膀翅翎及更高两排羽毛之末。名之曰[雨点斑]，似无大误。

　　论品格，此对远胜前者，短嘴，算盘子头，宽粉红眼皮，金眼，睛色偏红，可能与勾眼皂有血缘关系。列上等。

图126（丁13）

[白顶皂]▲

[白顶皂]

　　未题名。白色之鸽，头顶有黑凤或一片黑羽，北京称"黑顶"或"黑雪上梅"。此对花色恰好相反，黑鸽白顶，故拟名之曰[白顶皂]。

　　头嘴甚佳，白眼皮，豆眼，素闪，可列上上等。按一般情况而言，如此黑多白少之鸽，嘴色当近黑青而非肉色。只有待目见此品种，方能验吾说是否有当。

图127（丁2）

火轮风乔 ▲

火轮风乔

　　背如黑皂，脯色深灰。红眼皮，金眼，嘴尖头小，状如野鸽。小膀及背上，羽毛周匝有暗红色边，或因此而有"火轮"之名。但"风乔"仍费解。

　　乙17摹自此幅。

（乙17）

图128（甲41）

缠丝斑子 ▲

缠丝斑子

　　瓦灰而翅上有紫楞两道。半长嘴，白眼皮，朱砂眼，素闪。

　　北京灰色鸽只有黑楞而无紫楞。本幅与下一幅均因此而列入未见类。

　　乙3摹自此幅。

图129（甲25）

（乙3）

桃花串 ▲

桃花串

　　瓦灰，翅上有紫楞两道，与上幅实为同种。同在甲谱而题名大异，殊不可解。

　　一平一凤，半长嘴，白眼皮，金眼。

图130（甲16）

海云斑 ▲

海云斑

双平头，半长嘴，白眼皮，朱砂眼。

瓦灰而背有紫色花纹如麻背。可见黑色鸽有楞子、麻背、灰色鸽亦有类似花色。只羽色一为黑质白文，一为灰质紫文耳。

图131（甲76）

麒麟斑 ▲

麒麟斑

　　双平头，长嘴，淡金眼。瓦灰而颏下有白毛，背上有白色斑文，翅上有紫楞，与图129、130所绘可能有血缘关系。

　　《鸽经》条44为麒麟斑，乃某一种腋蝶之别名，与此无涉。前人曾用以名鸽之名称，除非有特殊原因，不宜再用以名不同花色之鸽，否则易滋淆混。谱题此名，似有未当。

图132（甲77）

佛顶珠 ▲

佛顶珠

　　按此为蓝雪上梅。蓝点子已十分罕见，蓝雪上梅更为前所未有。色羽虽仅稀疏几根，狭不成珠，亦十分难得。

　　长嘴，红眼皮，豆眼，鸡头，形态不佳，以罕见为贵，仍宜列上等。

图133（甲75）

[白头紫玉翅] ▲

[白头紫玉翅]

　　未题名。紫玉翅，色浅而不纯，白头顶，白下颔，白眼皮，金眼，半长肉色嘴，脑后有逆毛，北京无此花色。两头白色部位及面积完全一致，说明品种有一定稳定性。可能为某一地区所培育的花色，应有专名，惜一时无从查考。倘在北京鸽市出现，将被称为[白头紫玉翅]，即紫玉翅变种，不入格。

图134（丁3）

黑鹤秀 ▲

黑鹤秀

北京称头尾黑、中部白之鸽曰"黑乌",又曰"两头乌",见图84、85。此对恰好与黑乌花色相反,头尾白,中部黑,不妨称之为"两头白"。半长嘴,粉红眼皮,朱砂眼。

谱题名"黑鹤秀",实误。因鹤秀自嗉胸以下直至裆间均为白色,而此为黑色。作啄食状一头,翅下露出黑色羽毛,足以说明题名之不当。

乙21摹自此幅。

图135(甲47)

(乙21)

黑雀花 ▲

黑雀花

与前一幅所绘品种相同，亦不妨称之为"两头白"。题名"黑雀花"，又误。甲谱黑雀花不止一幅（见图140、142、143），花色与此完全不同。

一平一凤，头嘴胜于前者，红眼皮，豆眼，肉色嘴。如以黑乌之标准要求此鸽，胸前白色羽毛不够大，须向下延伸约寸许，方可称为"大葫芦"。

乙29摹自此幅。

（乙29）

图136（甲87）

砂红蛱蝶 ▲

砂红蛱蝶

　　面颊有色斑，依《鸽经》分类，当归入腋蝶，而鸽谱题名"蛱蝶"，北京则不论面颊有无色斑，均称之为鹤秀。惟北京所见鹤秀有紫羽镶灰边者，紫色者，黑色者，蓝色者，未见背为浅红色，翅上有紫楞者。

　　此对花色罕见，但鸡头长嘴，品位不高。

图137（甲38）

青鳍▲

青鳍

　　与图118青鳍名称相同而品种全异。鸽谱题名，难以凭信，此是一例。论花色此为四块玉，色近蓝而非蓝，只能称之为异色。

　　黑、紫四块玉在北京均属珍贵品种。此对长嘴，红眼皮，豆眼，品位不高。因花色稀有，亦将得到重视。

图138（甲19）

铜背 ▲

铜背

全身黑色，背部黑中泛紫，文理所在部位，近似麻背。于记页38麻背言及"紫麻背"，与此不同。紫麻背紫身灰黑色斑纹，此为黑身紫色斑纹。

此对品位甚高，短嘴、算盘子头，宽白眼皮，金眼，不仅花色罕有，形态亦十分出众，列上上等。

图139(丙13)

踹银盘黑雀花▲

踹银盘黑雀花

此对黑头，白下颏，白眼皮，白翅膀，黑尾，白毛脚，故有"踹云盘"之称。双平头，白眼皮，金眼，墩子嘴，品格中等。

按"雀"、"鹊"同音，均为禽鸟，故常混用。北京有鸽曰"喜鹊花"，大体似喜鹊，亦为黑头黑尾，但与本幅之黑雀花品种不同，主要区别在膀翎为黑色，而此为白色。

magpie图

《鸽经》有"鹊花"，见条38，称其"文理与喜鹊无别，故名"。本幅之"黑雀花"，虽与喜鹊文理不同，但可能即《鸽经》之"鹊花"。因《鸽经》所谓之"无别"，似凭印象而言，并不严格准确。文理与喜鹊完全相同之鸽并不存在，前已详言之矣。

外国有与"雀花"文理相同之鸽，其名亦为喜鹊(magpie)，可谓巧合。见美国勒维《鸽种全书》图653，也有白毛脚。

乙2摹自此幅。

玉麒麟 ▲

玉麒麟

　　此对与黑雀花基本相同，只肩部生有黑羽。不知何以题名
"玉麒麟"。一再用麒麟作为鸽名，徒增混乱。

　　论品格，此对白眼皮、金眼、长嘴，逊于前幅所绘。梳尾翎
一鸽，却描绘得神，画者必经仔细观察，始能现之纸上。

　　乙13与此品种相同，而姿态有别。

（乙13）

图141（甲97）

紫雀花▲

紫雀花

　　色羽部位与黑雀花全同。双凤头，白眼皮，金眼，头嘴尚可。回颈择毛一头，腰部有白色杂毛。

　　乙23摹自此幅。

图142（甲95）

（乙23）

黄雀花 ▲

黄雀花

　　色羽部位与黑雀花、紫雀花全同。黄色非北京观赏鸽所有。三十年代除海外输入之信鸽外，未见有此颜色。长嘴，白眼皮，金眼。

图143（甲4）

黑插花 ▲

黑插花

　　乍看以为即黑雀花，细看有区别。雀花两翼为白色，此则
仅翅翎为白色。两颊白色显著，亦与雀花不同。整体形态颇似海
鸥，实为前所未见。

　　乙37摹自此幅。

图144（甲91）

（乙37）

洒墨玉 ▲

洒墨玉

　　此对使人联想到当年北京不难见到之"雪花"，尤其是黑羽已大部换成白羽之老龄雪花。但洒墨玉与雪花决非同种。黑雪花首尾膀翎多黑羽，至老犹然，此对则首尾两翼皆白。且观其鼻包，乃一两岁之壮年鸽，故为北京所无品种。

　　论品格此对双凤头，白眼皮，短嘴，脑相亦佳，可列上等。

图145（丙18）

[紫花] ▲

[紫花]

　　未题名。前半似紫乌头，但头部色浅而嗉胸色深。身尾白色，有稀疏紫羽，仿佛是紫毛已脱去较多之老龄紫雪花。但可以肯定紫雪花与此并非同种，清代应有专名，惜一时无从查考。今姑名之曰[紫花]。

图146（丁7）

第三类 存疑品种（图147—161）

　　存疑类中十五种亦为前所未见，但有别于第二类。第二类所收因有文献记载，故老传闻，为其作证，花色部位，又合乎规律，故确信品种之存在。此类则或因雌雄文理有异，难言其标准花色，如"黄瑛背"（图147）。或因有色毛羽在颈后、背上、腰尾之间，多不整齐规范，花色似尚未定型，所指为"绣颈"、"碧玉鳞"、"星头串子"、"鹰背白"、"绣背"（图149—153）。或因在培育某一品种过程中，出现新花色。此花色可能在一段时期内存在，但未能成为被公认之品种，嗣后又难免被淘汰。所指为"鹞眼鹤袖"、"黑鹤秀"、"花胯墨秀"（图155—157）。或因羽色过于奇特绚丽，故疑用以写真之鸽，曾被人工染色，如"蓝蛱蝶"（图161）。换言之，以上均不敢相信曾经是被广泛承认之品种。但笔者管见，未敢自信正确，而有待进一步调查研究。为此设存疑一类，以示与第二类未见品种，有所不同。

黄瑛背▲

黄瑛背

　　双平头，浅红眼皮，豆眼。全身白色。其一在背上，另一在膀拐子上，羽毛有浅黄色镶边，雌雄花色并不一致。且此浅黄色非北京观赏鸽所能有。更因脑相扁而狭长，近似西洋信鸽。疑此对与海外引进品种有血缘关系。曾否在我国成为稳定品种，待考。

图147（甲71）

鹞眼雪花 ▲

鹞眼雪花

　　"鹞眼"费解。与图155鹞眼鹤袖对照参阅，仍不知何为鹞
眼。头部色羽分散，"雪花"当由此得名。惟因其分散，花色不
易整齐规范。正如北京所谓之"花脖"、"铁翅花"，几乎找不
到两头花色全同者。考究养家不视为正规品种，原因在此。

　　此对两腋各有色羽，部位对称而整齐。但仅此数茎生在部位
不显著处，似难成为引人注目之花色。故是否曾被承认是一个品
种，待考。

图148（甲58）

绣颈 ▲

绣颈

　　白身紫文，紫色淡而不正。头顶色羽两片，有如花头"点子"。项后有色羽如"压脖"，背上有不规则浅紫色毛。

　　此幅及以下四幅所绘，颜色多不正。色羽多生在头顶、面颊、肩背、腰胯及腰尾相交处。上述各部位，不同于点子之额和尾，玉翅之翅，楞子之楞，黑乌之葫芦，鹤秀之背，各有明确之区域范围，而难免有多有少，或出或入，参差不齐。故花色不容易整齐规范，予人一种不成熟、欠标准感。换言之，不像是一个稳定品种。

图149（甲83）

碧玉鳞 ▲

碧玉鳞

　　白身紫文，紫色灰暗。颊上细毛，紫白相间。颈后色羽形成披肩，在老虎帽（图71）花脖子之间。背上及腰尾交接处有不规则紫羽。各处色羽均欠规范。

图150（甲22）

星头串子 ▲

星头串子

　　白身紫文，紫色灰暗，浊而不正。眼皮上有花眉子。肩背及腰尾交接处有不规则色羽。

图151（甲63）

鹰背白 ▲

鹰背白

　　白身，头、项、肩、背、胯、尾多处有色羽，但欠规范。色调灰褐闪蓝，深浅成晕。

图152（甲80）

绣背 ▲

绣背

花色似图152鹰背白，疑是同一品种，因重出而鸽谱另为
题名。

图153（甲11）

[黑盖黑乌]

　　未题名。此对双平头，白眼皮、金眼、墩子嘴，花色略似雀花（图140—143）。但背尾之间被白羽隔断，故更加接近黑乌。因背上有大块黑盖，故称之曰[黑盖黑乌]。花盖原为黑乌之大忌，此对黑盖面积大而齐整，与第四类之花盖黑乌（图169）相比，此对较整齐，有高下之别。它是否曾被人作为一个品种培育繁殖，待考。倘出现在北京鸽市，仍被视为不合格。

图154（丁40）

鹞眼鹤袖 ▲

鹞眼鹤袖

　　"鹞眼"费解。"袖"、"秀"谐音,故"鹤秀"被写成"鹤袖"。此对花色近似北京所谓之"紫秀",但胸前多一圈色羽,有如"紫环",遂不得称之为鹤秀。

　　曾疑"四块玉"乃从鹤秀变化而来,此正是在变化过程中出现之花色。待胸脯以下直到裆间白羽尽成色羽,便是四块玉。

　　变化中之花色,在某一段时期内有可能被视为是一个品种,故将此对列入存疑类。乙40摹自此幅。

图155(甲44)

(乙40)

黑鹤秀 ▲

黑鹤秀

花色与图155所绘相同，在鹤秀、四块玉之间，故题名鹤秀实误。论形态，此为短嘴、算盘子头，有娇小玲珑之致，品位远远超过前者。

图156（丙3）

[花胯墨秀] ▲

[花胯墨秀]

　　未题名。由于图中两鸽以肩、背向人，无法得知胸前有无色
羽。但裆胯露出黑羽，故也是鹤秀向四块玉变化过程中之产物。
拟题名为[花胯墨秀]。

　　此对双凤头，浅红眼皮，金眼，墩子嘴，形象不俗。

图157（丁33）

[黑花] ▲

[黑花]

　　未题名。花色接近"黑雀花"，但鸽头大部为白色，仅头顶有黑毛，与黑雀花黑头白下颏不同。未敢相信此为稳定鸽种，故题名[黑花]。

图158（丁16）

金裆银裤 ▲

金裆银裤

　　背如黑皂，嗉下至裆为白色，只裆间微黄，一如鸽粪所染，殊难相信此为天生色羽。题名俚俗，似出贾贩之口。花色隐蔽，毫无可观赏处，即使有此品种，恐亦难受人钟爱。

　　乙34摹自此幅。

图159（甲94）

（乙34）

金尾凤 ▲

金尾凤

　　自尾以上，与图111[紫楞]相同，翅末均有紫楞两道。不同者此对两尾为淡黄色。此色不仅为前所未见，亦非意想所能有。深愧见闻有限，有待进一步调查，何时何地有此品种。

　　乙5摹自此幅。

蓝蛱蝶 ▲

蓝蛱蝶

　　观此幅所绘，立即使人想到本世纪二三十年代北京始有之新品种"铁翅白"。惟铁翅白为白鸽黑膀翎，而此为白鸽蓝膀翎。此蓝色浓而艳，近似石青，与一般所谓蓝色鸽之蓝（如蓝乌头、蓝环等）大不相同。甚至感到此蓝不可能在鸽身上出现，故进而怀疑是否当年在绘图之前，鸽翅被人染色。但又不敢断言其必无此蓝翅鸽。

　　题名"蓝蛱蝶"，显然有误。蛱蝶两翼为白色，色羽在背，而此对背为白色，色羽在翅，可谓全无似处。乙38摹自此幅。

图161（甲92）

（乙38）

第四类 杂花混种（图162—180）

　　收入本类十九对皆有明显疵病，或雌雄花色大异，均不成文。或白翅夹条，白尾夹尾，黑乌花盖，鹤秀花脟，皆花色之大忌。或黑翎白羽，夹杂而生，漫无规律，乃不折不扣之杂花。或头尚可观，而尾露原形；或尾无大病，而头又怪庆；皆异种交配，驳杂不纯之故。或紫羽忽深或浅，白羽倏密倏稀，丑恶无文，不知何以竟亦入谱！惟从另一角度看，却说明画师绘谱，持忠实严肃态度，即使形象不佳，仍如实写生。倘存心欺人，掩丑饰陋，使对对合格成文，又有何难？但其科学价值则荡然无存矣。

鸳鸯眼 ▲

鸳鸯眼

　　仰望一鸽，两眼一金一豆，遂题名"鸳鸯眼"。按两睛异
色，原是疵病，且有时会发生变化，图66"日月眼"已论及，故
此题名毫无意义。

　　此对色羽紫不紫，灰不灰，分布既不对称，亦欠齐整，当为
"白"与"星头串子"（图151）混杂而生。恐正因花色无可称
道，故以变态之两睛为名。

图162(甲15)

灰翅杂花 ▲

灰翅杂花

长嘴金眼瓦灰，貌似楼鸽。立者胸嗉正中、卧者翅膀表里均有白毛。养家栅中，定不畜此。题名"杂花"，可谓允当。

鸡黄眼雨点 ▲

鸡黄眼雨点

　　鸡黄眼当指淡黄色金眼而言。

　　长嘴瓦灰，貌似楼鸽，尤以颈侧有绿斑，似尚留有斑鸠痕迹。回首理毛一头，仅一翅有白翎，北京称此曰"偏膀"；另一头夹第四根条，皆玉翅之大忌。

图164（甲20）

绣鸾 ▲

绣鸾

　　长嘴，金眼，鸡头，宛如野鸽。头上多白色杂毛。翅尾皆白，接近"灰三块玉"。惟其貌不扬，且张翅一头，边条为灰色，北京称此病曰"夹边条"。

　　绣鸾乃率意题名，恐并无根据。

图165（甲81）

沙玉杂花 ▲

沙玉杂花

　　羽色接近粉串，与图60鹰背灰星有相似处。惟头、胸、肩、背，羽色忽深忽浅，全无规律，且间有白毛，是种不纯之故。"杂花"之名当由此而得。

图166（甲62）

黑哆啰玉翅 ▲

黑哆啰玉翅

　　论羽色，此对不及图72"灰哆啰玉翅"纯正。花色则更差，不过是一对花头，花膀拐子、花腰、夹尾杂花玉翅而已。

图167（甲21）

杂花玉翅 ▲

杂花玉翅

　　此幅一对比前一幅所绘更花得杂乱无章，恶劣不堪入目。

图168（甲55）

银鞍鞯 ▲

银鞍鞯

此为"花盖黑乌"或"花盖两头乌",不值养家一顾。可参看图154[黑盖黑乌],两对虽均不入格,黑盖黑乌比此对整齐甚多。"银鞍鞯"寓意同"腰玉",喻为乌骓配御银鞍,有巧立名目、饰疵文丑之嫌。

图169(甲9)

绒花蛱蝶 ▲

绒花蛱蝶

　　此对背上紫色羽毛镶灰色边，为北京最常见之一种鹤秀。但
立地一头，尾翎只许全白，不得夹有色尾；卧地一头，花斑只许
生在两颊，不得蔓延到颈项，尾翎亦不得镶色边。如图所示，北
京只能称之为杂花鹤秀。

图170（丙17）

绒花蛱蝶 ▲

绒花蛱蝶

　　此对与前一幅所绘均是北京所谓鹤秀，而花色不同。其中一头颈上有杂色羽毛，尾翎有夹尾，当名之为"夹尾鹤秀"或"杂花鹤秀"。

图171（甲82）

杂花紫 ▲

杂花紫

紫色甚深，几同面酱，仍是杂花鹤秀。其一颊上有花斑，
一直下延到脯下。另一颊上无花斑，但色羽围颈过半，两头无
一合格。

图172（丙39）

[黑花] ▲

[黑花]

　　未题名。雌雄花色各异，一为黑尾，一为白尾，不成对，且胯上有杂毛。其种源均来自墨秀。因不合格只能称之为[黑花]。

第四类 杂花混种

黑花玉翅 ▲

黑花玉翅

　　雌雄花色不成对。立地一头白头、白翅、白尾，接近四块玉，种源来自鹤秀。低飞一头黑头、黑尾、白腰，种源来自黑玉翅。雌雄均不合格，只能称之为[黑花]。

图174（丙34）

四块玉 ▲

四块玉

　　从鸽谱多幅鹤秀、蛱蝶，及名曰鹤秀、蛱蝶，因生有杂毛而不得称之为鹤秀、蛱蝶来看，愈信四块玉乃从此二种变化而来。其变化乃从白色胸脯逐渐变成有色胸脯。此对是在变化过程中出现的介于鹤秀与四块玉之间的花色，故难免有非驴非马之憾。

图175（甲69）

绿玉环 ▲

绿玉环

　　花色与玉环毫无关系，更不知绿在何处。谓其妄题名称，似
不为过。

　　此对也是从鹤秀向四块玉变化过程中的产物。

　　描绘梳尾翎一头所取角度，决非轻易可得。读者倘等闲视
之，有负画师矣。

图176（甲78）

潮头皂 ▲

潮头皂

　　此对胸脯已是黑色，比以上两幅所绘更加接近四块玉。夹尾尚待净化，成为全白。在变化过程中，自难成文。

菊花凤 ▲

菊花凤

菊花凤，任何鸽种均有之，与花色无关。此对名"菊花凤"，可见题者已辞穷。

两鸽之一胸脯全黑，虽已接近四块玉，但不应有之黑色尾翎亦更多，花得更乱。

图178（甲79）

紫云星串 ▲

紫云星串

"紫云"形容颜色，"星串"当是"星头串子"之简称。但图151星头串子与此花色全无关系。

此对当由紫秀与粉串配合所生，实为不成花色之紫花。

图179（甲89）

墨雪杂花 ▲

墨雪杂花

此黑花中之最不成文者，当从北京所谓"铁翅花"变出。题名"墨雪杂花"不如"黑白杂花"更为直接了当。铁翅花已非正规品种，此更一代不如一代，品斯下矣。

图180（甲37）

编后语

《图说》草成后略陈管见如下：

（一）鸽之名称，古已有之者，应遵守沿用。谐音用字，宜慎选择，以名实相符为原则。不可一名两用，致滋淆混。如有必要为拟名称，大忌巧立名目，以免只求华美典雅，而不切合实际。鸽谱中题名有可取者，有不可取者，可资借鉴。

（二）甲、丙、丁三谱绘于不同时期。鸽之品位，后来居上。短嘴、算盘子头、素闪符合讲求者大都见于丁谱。第四类杂花混种共收十九对，竟有十五对来自甲谱。据此可说明数百年来观赏鸽一直在随着时代而进化提高。倘再与本世纪初之鸽相比，仍使人有后胜于前之感。如头嘴上佳之鸽，在三谱一百八十对中，所占比例很小；眼皮红而粗者，亦多于白而细者。合格之点子、黑玉翅、墨环、紫环等，在我养鸽时都不难买到，而三谱竟连一对都没有。可见本世纪前半叶观赏鸽仍在向优化完美的方向发展。只是近二三十年社会变革加剧，观赏鸽始出现全面衰落之势。笔者以为有识者都会同意珍贵动物不只是熊猫、朱鹮的看法，即不论是猫是狗，是鸽是鸡，其稀有珍奇品种，同样值得重视爱护。当前尚可物色到的观赏鸽佳种，实多少代养家精心培育而成，自应努力访求，加强保护，精心饲养，勿使湮灭。衷心盼望有心人士能在这方面做些切实有效的工作，使美丽的传统观赏鸽回到我们的生活中来。

（三）鸽谱所绘，使吾人对《鸽经》的某些品种，从全不知晓到如睹生禽，诚属可喜。惟《鸽经》品种，尚有许多为鸽谱所无，且不为后人所知。而鸽谱所图（杂花混种除外），亦有不少种超出《鸽经》所记及北京曾见。另一方面北京曾见又有《鸽经》、鸽谱所无。如三者相加，将蔚为大观。以中国幅员之广，经过访求收集，更不知可以增加多少品种。为此，应进行全国性普查，编写出一部《中国鸽种志》。

（四）编写《中国鸽种志》必须多方协作，始克有成，工作艰巨，自不待言。尝念千里之行，始于足下。既久居北京，自应先编《北京观赏鸽谱》，用彩色照片，拍摄生禽，附以论述，效果更胜于图绘。惟物色标准品种，每可遇而不可求。即使遍访养家，日守鸽市，恐亦须几经寒暑，方能粗具规模，且定有因已绝迹而终付阙如者。下走已八十有五、垂垂老矣，徒有此想，力不从心，奈何奈何！只有寄希望于年富力强之鸽痴矣。

（五）我国观赏鸽品种繁多，花色绚丽，但不为世界所知。美国勒维编著之《鸽种全书》(Wendell M. Levi: *Encyclopedia of Pigeon Breeds*, 1965, T. F. H. Publications, Inc., Jersey City, N. J.) 所收之鸽近八百种，其中我国观赏鸽只有三种，使人深感遗憾。宏扬我国鸽文化，当从自身重视鸽文化开始。建议成立中国观赏鸽研究会，从事调查、研究、保护、培育诸工作。其成果将为全国正在兴起之广场鸽及其他文化事业，提供传统优良品种，丰富美化人民生活。且将使我国历史悠久之鸽文化广为人知，卓立于世界之林，不亦伟乎！

鸽话二十则

序

遍查我国古今图籍，有关观赏鸽专著，只有明张万钟《鸽经》及近人于非厂《都门豢鸽记》两种。三百年来，前后辉映，为子部增色不少。前者详于品种，略于养育。后者述及品种、豢养、训练、用具等等，可谓无所不赅。盖因于氏对此文禽，情有独钟。事必躬亲，甘为鸽奴，故所记咸得自经历感受，弥足珍贵。此后于氏为《晨报·副刊》撰稿，谈京华风物，每日一篇，数载不辍。为时既久，遂难免有耳食臆测之处。读者倘因此而谓其言鸽亦尚侈谈，谬矣！

非厂先生于书末谓遣散鸽群约在1920年前后。区区养鸽则在1924—1953年间，同在本世纪前半叶。故对其所记，备感亲切，正复缘是，有关鸽事，已无容我置喙处。今草《鸽话》，短札零篇，不过记儿时之情趣，抒垂老之胸怀而已。实不敢亦未尝有续貂之想也。

1999年2月王世襄
于芳草地西巷时年八十有五

一、吃剩饭 踩狗屎

回忆儿时，北京的观赏鸽远比现在要多。不论是哪条街巷，从早到晚，总有两三盘儿在那里飞翔。不用看颜色，从它们的飞法就知道是观赏鸽，不是信鸽。说到养者，老幼贫富，不同阶层，不同职业，什么样人都有。他们大都爱鸽成癖，甘心为它操劳，其甚者竟达到忘我的程度，连生活起居都受鸽子的制约，乃致不能按时吃饭。待吃时，残羹冷炙，扒拉几口了事。他们还养成了一个习惯，出屋门就抬头仰望，看房顶，看天空，就是不注意脚下，踩上什么东西弄脏了鞋袜都不知道。因此人们送给这些鸽子迷六个字：吃剩饭，踩狗屎。多年以来，这"六字真言"竟成了养鸽者的"雅号"，虽语含嘲讽，听者却不以为忤，或笑而默许，或自豪地反唇相讥，说什么："你哪知玩鸽子的乐趣！你没那个造化，亏了！"

鸽子迷为什么会吃剩饭、踩狗屎呢？试说一二。飞盘裹来了别家的鸽子，落在房上，千方百计要诱它下来，为我所有。如果它是和我有仇隙之家的鸽子，则兹事体大，要借此来报仇雪恨。可气它就是不肯乖乖地下来。这时必须全神注视其神情动态。如尚安详自在，未显出局促紧张，身在异地，则不妨诱之以食以水。如羽毛缩紧，引颈探头，东张西望，浮躁不安，则殷勤相待，反会促使其惊逸，只有视而不见，一若不知其存在，待它松弛下来，再诱其就范。但又必须时时防其突然飞起，好随手打起鸽群，将它再次围裹，落到瓦上。在尚未抓到它之前，岂止自身顾不上吃饭，连家人都须放慢行动，低语噤声，真好像过皇上似的。实际上来鸽未必是名贵品种，值不了几文钱。可是许多养家，包括区区下走，硬是如此认真，如此贪婪，岂不可笑！又如清晨傍晚飞盘儿，由于朝雾暮霾或风向的关系，一个劲儿地往某一方向摔盘，越摔越远，不知道回来。养家未免着急，生怕远方鸽群四起，混战一场，把盘儿扯散，要吃大亏。这时只有再飞起几只打接应。不料没起作用，连打接应的也随了过去。这时真希望有架云梯，好爬上去看个究竟。更恨不得有个咒诀能把盘儿拘回来。鸽群不回，就如断送了身家性命，哪里还有心吃饭！

鸽子迷看高不看低，由习惯变成本能。房上、天上，不论有没有鸽子总要看一眼。鸟儿飞过，以为是鸽子，也要看一眼。当年北京居民店铺，几乎家家养狗，故大街小巷三五成群。如不留神脚下，自然会踩上狗屎。脏了鞋，一般都悄悄地自己刷洗。烦劳他人是难免要遭到埋怨和奚落的。

爱鸽成癖也有不吃剩饭、不踩狗屎的，只是能如此，必须有较高的修养，确实很不容易。有人说起得鸽子、丢鸽子，仿佛大爷满不在乎。但事到临头却原形毕露，和平时的侃侃而谈，判若两人。故真能不患得患失的实在很少。我十几岁时认识一位苏老头儿，住在朝阳门内东城根儿。他年近七旬，养着三四十只点子和玉翅，飞得极好，每天三次都高入云霄。不走趟子，只在头顶盘旋。由于飞得高，不容易和他家的鸽子撞盘。如撞上盘他也不垫（即掷鸽上房，使鸽群急速落下），任其分合。裹来了鸽子，不论好坏，落到房上就被他轰走。他说得好："我不怕丢，更不想得。我玩的是鸽子，不让鸽子玩我！"因此他有自由，生活起居不受鸽子的牵制。说穿了只有一句话，吃剩饭、踩狗屎，是受患得患失之累。

我早就明白这个道理，可是直到将停止养鸽之时，即已届不惑之年，还是不能摆脱此累。近日也曾想过，假如我现在还在玩鸽子，能否达到苏老头儿的境界，把落在房上的好鸽子轰走。我承认还是做不到，而且宁可饿半顿也要把它得到手。可见说起来容易做到难。透过小小的宠物癖好，也能窥见人生修养的大道理呀。

二、目送飞鸽 手扔五吊

记得我第一次得到较好的鸽子，是上小学时在隆福寺买的一对点子，花了五吊钱。公的荷包凤，白凤心，母的平头，都是算盘子脑袋，阴阳墩子嘴，白眼皮，长脖细相。公的长约一尺二，母的也过尺，去年头一窝的仔儿，真够精神的。

我因疼爱它们，缝膀子舍不得把线抽紧，免得驯熟后，打开膀子时会勒出印儿来。蹲房半个月，渐渐合群，看不出要飞跑的样子。不料一日清晨，两只先后爬上房脊，择毛梳翎，都把线择开了。公的突然飞起，一叫膀儿，母的随即腾空，比翼盘旋，绕房两圈，转向西北飞去。我登高目送，直到无影无踪。这使我十分懊恼，掉下了眼泪。但也长了经验，缝膀子不可因心疼它而手下留情。

正是丢点子的那儿天，家馆陈老师教我念古诗，讲到嵇康的："目送飞鸿，手挥五弦。俯仰自得，游心太玄。"我对老师说，我也有四句：

> 目送归鸽，
>
> 手扔五吊。
>
> 俯仰自叹，
>
> 膀缝松了。

老师莫名其妙。我把经过讲给他听。老师说："不对了，要是鸽子飞走，那就该是'目送飞鸽'而不是'归鸽'。"我说："没有错，因为'归'是说鸽子回归到它原主人那里去了。"

三、飞盘儿与撞盘儿

鸽群飞起，在院落上空盘旋，是为"飞盘儿"；飞盘儿而与他家鸽群遭遇，合后又分，返回房上，是为"撞盘儿"。二者说起来简单，却各有许多讲究。总的说来，仰望飞盘儿赏心悦目，养性颐神，确是一种享受。撞盘儿有得有失，如好胜负气，竟能惹是生非，但有的养家却偏要从这里寻找刺激。

鸽群如喂养有方，训练得法，每次飞盘儿，三起三落，可长达一小时有余。当其乍起，仅过树梢，盘旋未远，某为某鸽，看得分明，是认识各只飞翔习性的最好时机：看它是常飞在前，还是每拖在后；是喜欢冒高，还是沉底；是居盘儿中，还是常被甩在盘儿外；转换方

向时，是起带头作用，还是随大溜等等。能在低飞时看清楚，高飞时也就不难辨识了。观察所得，可为精选队伍成员，孰去孰留，提供依据。

低飞一般五六个盘旋便升到半空，鸽约如燕子大小。此时当注意看它是飞死盘儿，还是飞活盘儿。前者只朝一个方向旋转，久久不知变换。后者不时左转，不时右旋，圆婉自如，饶有韵律。是死是活，关键在领队飞翔的几羽。它们是一盘儿的骨干，即使花色欠佳，也须保留。同时还须认出拗执孤行，偏离滞后之鸽。数鸽也十分重要，尤其在撞盘儿掰分之后，只有过数，才知道得失盈亏。认鸽、数鸽，我都是跟王老根学的，但自叹弗如。他年逾古稀，我正当壮年，认鸽不如他看得准，数鸽也不如他数得清。四五十只一群，他一瞥便报数不误，而我只能数清三十来只的盘儿，更多就难免有误。

盘儿飞到高空，术语叫"挂起来了"，这时鸽小于蝶，要仰面极目，才能看到。往往时值盛夏，地面炎热，上方清凉，鸽子也爱风清气爽，挂得特别高，久久不肯下降。观者也忘记酷暑，仿佛服了一剂清凉散，仰望移时，竟全无感觉。待盘儿落下，才觉得颈项酸痛。

观赏鸽鸽群，白色多于他色，故值夏日暴雨初过，严冬彤云四垂，天际黝黑如墨，那时鸽群在头顶盘旋，已感到与平时景色大有差异。倘盘儿飞到远空，引领斜眺，星星点点，栩栩浮动，被深色的云天衬托得如银似雪，闪烁晶莹，显得格外幽旷冷峭，清丽动人。此情此景，深入我心，岁月虽遽，常忆常新，闭目即来，消受不尽。

如果把各家的鸽群看成军队，那么

撞盘儿就等于军队之间的遭遇战。撞盘儿包括进攻和撤退。我盘儿飞向他盘儿并与之掺合，即所谓的"撞"，等于进攻。合后又分开，术语称之曰"掰"，听令返回家中，等于撤退。知兵者贵在知彼知己和训练有素。这对养鸽者指挥撞盘儿也完全适用。

训练有素的鸽群，只只精练，牢记家中巢舍，决不会被他群裹走，即所谓的"透"。起飞后，它会"追盘"，主动地冲向他群。有时一冲而过，他群中的弱者很容易被拐带过来。有时虽与他群合盘儿，但实际上还是各自保持着自己的队形，掰盘儿时，整整齐齐，泾渭分明。有时合盘儿盘旋，时逾半晌，两群已经掺合到一起，而掰时各不犹豫，自然分成两盘儿，各自归巢。上述两种情况可谓势均力敌，打个平手。如果一盘儿训练有素，一盘儿编队不久，强弱不齐，掰盘儿时很可能弱者被扯得游离于两盘儿之间，一时失辨，误随他盘儿而去，成了俘虏。其甚者，竟有全盘儿被扯乱，七零八落，溃不成群。倘天空尚有其他盘儿，更弄得不知何所适从，终至全军覆没，只羽无归。可见只有对自家之鸽，心中有底，确知其记性耐力都很强，则无论怎样撞盘儿也无妨，冲锋陷阵，百战不殆。我在高中读书时，已能把三十来只点子、玉翅等训练得很有战斗力，敢与任何鸽群周旋，成为邻近养家不敢轻视的一盘儿。他们盘儿中如有欠透之鸽，总是躲着我飞。后来王老根来到我家，为了证明训鸽能如人意，在两三个月内竟训练出一支"兜上就走"的奇袭部队。其特点是当有别家鸽盘儿围着宅院低飞，正好往里续生鸽时，他打起精选的二十来只，不绕圈，擦着房，直奔该盘儿而去，撞盘儿之后，拨转头往回飞，故曰"兜上就走"。对方还不知道哪里冒出来的盘儿时，有的生鸽已经被裹走了。王老根说："这玩意儿不局气（即不正派），挨骂，得鸽子也不体面。日久了，它就不爱挂高儿了，妨碍正式飞盘儿，不上算。"故随后这编队就被王老根解散。看来他只为露一手，说明不局气的玩法他也会而已

如上所述，可见撞盘儿的全过程是合而后分，即所谓的"掰"，掰后落到自家房上。撞盘儿我有得而无损，是见高低、决胜负的关键。原来观赏鸽的习性是只要看见自家房上出现鸽子，不论飞得多高，都会抿翅下降。因此命令它们掰盘儿十分简单，只需抛一两只鸽子上房，术语称之曰"垫"，盘儿便会迅速落下。不过什么时候要它掰，什么时候垫，却又有学问。指挥者必须审时度势，争取到对我最有利的时刻，也就是等候全盘飞到能见其巢并便于落下的角度，抛鸽上房，并力争垫在对方垫鸽之前。惟最重要的还在训练有素。没有好兵，指挥者再好也无能为力，只有徒唤奈何。

四、走趟子

观赏鸽放飞除了飞盘儿、撒远儿外，还有"走趟子"。"走趟子"即清晨起飞后，盘旋三五匝，便已挂高，如燕子，如蝴蝶，栩栩入云。倏忽间朝某一方向飞去，杳无踪影。此去少则数十分钟，多则半日，归来已近中午。

走趟子必须精选健翮修翎，最善飞翔之鸽，其桀骜不驯者尤佳。年龄在幼鸽已圆条（十根大翎已换成新的）后至二三岁之间。逾此便须更换，否则将牵

制整体，不复远去。鸽数不可多，十羽以下为宜。其一不妨带小哨，二筒、三联之类，取其体轻而音高，归来时，未到顶空已闻其声，且有助测知其往返行程。哨切忌大，莫使负担过重，以致离群，或遭鹰隼袭击。

我十八九岁时，住朝阳门内芳嘉园，有七羽走趟子——四只黑点子，两只黑玉翅，一只黑皂，戴一把祥字小三联。每日清晨，飞盘儿之前先放此七羽。它们回来时或与飞盘儿的会合，一起落到房上。或飞盘儿的落下许久，它们才回来。

七羽每天都往西北方向飞去。为了解其行程，曾骑自行车试图追踪，并在交道口、鼓楼一带盘桓等候。几次都毫无所得。鸽友们笑我说："您太逗了，简直是在学'夸父追日'。"我自己也觉得头脑简单而愚蠢。后来我把走趟子的鸽数、品种、哨型、时刻等，告知德胜门外马店的鸽友，才知道这七羽有时经过北郊天空，还继续往西北飞去。算来距朝阳门至少已有三十多里了。

五、续盘儿

续者，增续也。盘儿者，鸽群飞起结队如盘也。将新来之鸽增续到鸽盘儿之中一起飞翔曰"续盘儿"。

新来之鸽首先要"蹲房"。捆膀扔到房上，置之不理，但须观察其神态，看有无逃逸之意，借以知其驯狎程度。待其认清环境，熟悉栅窝，可打开捆膀，任其自由上下房。下一步训练飞盘儿，但不使它从房上和鸽群一同起飞，以免进不了盘儿，或进而又被甩出。此时倘有邻家鸽群来袭，容易被裹走。故宜采用续盘儿之法，从地面直接将它抛入盘

儿中。

当鸽群尚未起飞时，戴上白手套，将待续之鸽装入竹挎，放在院中。待飞盘儿已三起三落，降到低空，只绕房盘旋时，从挎中掏出一只，握在手中，头朝内，尾向外，等候鸽群将到，下腰、垫步、拧身、转脸，仿佛摔跤使用"别子"一招的架势，将手握之鸽垂直地抛入盘儿中。这一连串动作，说起来简单，完成得好坏，却大有差异。续得好，能把鸽子不高不低、不前不后、稳稳当当、舒舒服服地抛入群中，它一展翅就能随盘儿飞行。续得不好，不是赶前，就是错后，不是冒高，就是沉底，进不到盘儿里。我十五六岁时已能优为之，总能将鸽子续到最合适的地方。注意事项是雌鸽要松握轻抛，以免伤裆。产卵前必须停止续盘儿。

据传闻，晚清有一位鸽迷原是善扑营布库，后来在戏园子工作，每天扔手巾把，渐渐把日常的动作运用到玩鸽子上，续盘儿由他始创。可惜已无人知其姓氏了。

六、竹竿的差异

养鸽子一般用竹竿来驱使其起飞，或阻止其降落。不同养家，用竿长短大不相同。我的体会是竹竿越长，竿上的零碎儿越多，越说明养家的资历浅、本事差。

我童年养鸽，用的竹竿有两丈多长，上端拴过红布条儿，也捆过鸡毛掸子。晃动它如挥大旗，觉得很威风，但也感到吃力，几下子胳膊就酸了，咬着牙还晃，而鸽子却不甚怕它。于是我就用竹竿磕房檐，啪啪作响，三间瓦房整整齐齐的檐瓦，都被我敲碎了，但鸽子还是

不听指挥。我索性上房骑在屋脊上，挥竿呐喊，逼得鸽子往邻家的房上落。为了追赶它，常从正房跳到相隔数尺的厢房上。一次被母亲看见，几乎晕倒在廊子上。

到了十七八岁，我用的竹竿只有一丈来长了，竿顶不着一物，感到反比过去的长竹竿好用。等我上大学，在燕京东大地的园子里养鸽子。那时已请到王老根帮我照料鸽群，我才学会用三尺来长的细竹竿拨鸽子出栅并示意要它起飞；或为了续鸽子，用竹竿示意要它围房多转几圈。鸽子却变得悉如人意。竹竿长短，效果好坏，差异如此之大，其奥妙究竟在哪里呢？

飞翔是鸽子的本能。正常的鸽子都能飞，而且喜欢飞，其飞翔久暂，有关体力，则因鸽而异。养好传统观赏鸽，飞好盘儿，和养好信鸽是完全一样的，必须了解每一只的体力强弱，健康情况，乃至性情习惯。飞盘儿时先把体力最强的若干只集中在房上。小竿刚一示意，就腾空而起，几次回旋，便直薄云霄。半响之后，高度下降，再放飞体力次强的若干只。和第一批合盘后，又挂高入云。待其下降，再放飞体力又略逊的第三批。合盘后再度上升，最后全部落到房上。这就是所谓的"三起三落"。如果经过训练并淘汰其弱而无用者，把整盘鸽子调整到最佳状态，则不必分批，全盘同时起飞，也能三起三落，历时一小时有余。这将使邻家生羡，行人驻足，行家里手，不由地说一声"有功夫"！

在三起三落之后，鸽群已完成飞翔任务，理所当然应让它落在房上休息。此时如还挥竿迫使飞翔，那就是养家的不是了，又怎能怪鸽子乱飞乱落呢。

总之，知鸽性才能养好鸽子。适其性，不用竿也能指挥自如。违其性，竿再长，也无济于事。这个简单的道理，我懂得比较晚。有的人养到老还懵然未能领悟。

七、和重要文物同等待遇

鸽子，只需看它的品位、外观，便知道其养家大概是何等样人。有一次从护国寺庙会上买回一对花脖子，不为观赏，只用它抱窝，当"奶妈子"。一进门，王老根就问："您买孩子的吧？"我说："您怎么知道？"他说："您看玩得多脏，一身渍（读 zī 平声）泥，膀拐子上还沾着梨膏糖呢。"

当年几次看人家提着扣布罩的挎上庙。打开一看，紫漆挎装着两对黑点子；或是黑漆挎装着两对紫点子；或是白茬挎装着两对黑玉翅。当然也有钢膀、铁膀和各种白尾巴。不仅挎与鸽子不靠色（读 shǎi），显得格外鲜明夺目，鸽子更是品位甚高、个头、花色、脑相、嘴头、无一不佳。而且干净利落，一尘不染，像刚下架的葡萄，一身霜儿。人家带鸽子上庙，不为卖，不为撒远儿，只为"晾"，只为"谝"（《新华字典》注音为 piǎn，北京口语读 piǎ），总之是为了炫耀；从围观者的啧啧称赞，鸽贩、鸽佣的恭维奉承中得到满足、快慰。不用问，主人一定是一位玩得考究的资深养家。

孩子们玩鸽子，买不起也换不到好的，一天不知道要摆弄多少回。养家之鸽，不长出个模样来不要，指挥出栅，只凭一根竹竿，根本不上手。二者所养的品位、外观，自然有天渊之别了。

鸽子也有不得不上手的时候。如：缝膀子、续盘儿、缝哨尾子、戴或摘哨子、喂药治病等等。上手时一定戴手套，以一种白线薄手套为宜。

我儿时养鸽子，和一般孩子一样，也是大把攥，十多年后，才懂得戴手套。后来到博物馆工作，接触重要文物时，都必须戴手套。我曾想：好鸽子也很珍贵，为了保持它的净洁美丽，供人欣赏，接触它时戴手套也是完全必要的。它理应得到和重要文物同等待遇。

八、刚雄与柔媚

鸟类的雌雄，有的羽毛花色差别显著，例如孔雀、雉鸡。有的雌雄并无差异，如麻雀、喜鹊。鸽子属于后者，不论是何花色，雌雄相同。

自己喂养的鸽子，成双成对，孰公孰母，自然完全清楚。对新增添的或准备购买的就须予以分辨了。例如买成对鸽子，首先要查明是否为原对，即使非原对，至少应该是一公一母。如要为单只找对偶，买时更须辨明性别。买错了，不但配不上对，反而又多了一个单奔（bēn）儿。

北京传统的公母辨认法，非厂先生在《都门豢鸽记》中有所述及："左手持鸽，右手以拇食两指轻捏其头之下、颈之上，以观其睫开合之状，雄者眼必凝视，甚有神，睫之开合至速；雌者眼颇媚，若盈盈然，睫之开合弛而缓。然在生鸽，亦往往不甚准确。"此外还讲到摸扪裆眼，雌者宽于雄者。但又谓"雄鸽裆眼亦有较宽者，须视为例外"。

据我所知，北京的老养家分辨公母，偶尔也捏脖、摸裆，而更主要的在"相其貌、观其神"。貌是有形的，简单明了，如公的比母的个头、胸围都大些，腿高些，脑袋也大出一圈等等。神则比较抽象而无形，通过感觉、体会，才有所得。

鸽子的公与母，神情确实不同。老养家不用上手，数步之外，乃至高在房上，一眼望去，已能说出公母，而且很少失误。我看行家辨认公母，观其神占有相当大的成分。

年轻力壮的公鸽子，确实有一种阳刚之气，几步走儿已经显露出来，不止是在打咕嘟时才雄赳赳，气昂昂，不可一世。长相好的母鸽子，总带有几分妩媚娇娆，举止顾盼，都会流露出女性的美。当然只有观其神才能知其美，而知其美者，一定是鸽子的真正爱好者，爱到把鸽子看成人了。《鸽经》作者张扣之讲到佳种之鸽："态有美女摇肩，王孙举袖……昔水仙凌波于洛浦，潘妃移步于金莲，千载之下，犹想其风神。如闲庭芳砌，钩帘独坐，玩其妩媚，不减丽人。"他不就是把鸽子看成名姝佳丽了吗？

我开始养鸽子就学分辨公母，也曾捏脖摸裆，但难免出错。买过一对黑乌，售主告诉我原窝原对，拿回家两只都打咕嘟。想配一只母点子，市上遇见大母儿不敢买，怕是公的，结果放跑了一只好母儿。后来懂得相其貌，更须观其神的道理，辨认的准确性比过去提高了，觉得鸽子更耐看了，更美了，更富有人性了，爱它也更深了。

鸽友中有人比我执著，认为我对例外讲得不够，好像"相其貌、观其神"便可辨明所有雌雄，绝对无误似的。我说例外当然有，即使是老行家也难免有看错的时候。作为万物之灵的人，不也有女的长得粗壮魁梧，性格爽朗，大有男子气，而男的也有长得白皙纤弱，举止忸怩，颇有脂粉气吗？人犹如此，何况鸽乎？

九、喷雏儿

　　育雏之鸽将嗉中食物口对口、喙衔喙，反刍给雏崽，北京称之曰"喷"。嗉中食物早在孵卵时期已开始分泌、合成，故可称之为乳汁或营养液。北京则曰"浆"。浆随雏崽之成长而由稀转稠，兼旬之后，渐含有米粱碎屑，直到完整颗粒。循时增长，无不适合雏崽之消化吸收。造化之妙，天伦之爱，令人惊叹。

　　非厂先生《都门豢鸽记》对育雏注意事项，包括如何选择孵卵之鸽等，讲述颇详。惟对喷雏不得法、不尽责，甚至弃而不养，应如何抢救，殊少言及。所谓不得法，指未能将浆喷入雏崽食道，反将空气喷入，致使小小嗉囊鼓胀如塑料薄膜球，张口嘘气，奄奄待毙，后果与被遗弃同。凡此，必须以人代鸽，喷喂雏崽。

　　王老根曾在庆王府任鸽佣二十余年，喷哺鸽雏，允称一绝。出卵不足二十日之雏，只能喷，不能喂。浆亦需泡制。小米煮烂成糊，漱口务净，含糊口中，以嘴角衔雏喙，运舌尖推舐，使浆输入嗉囊。出卵逾二十日，雏身已长出毛锥，始可试喂煮烂小米。左掌托雏，头右向。右手食、中、无名三指并拢，中指为底，其形如槽，置小米少许于槽中，凑近雏喙，俟其张口，以右手拇指指甲，推米入喙。如喙不张，可试用左手食、拇两指稍稍触其嘴叉，诱其张开。一切动作必须轻而缓，耐心尤为重要，日三四次，不厌不烦，始见成效。

　　老根喷喂幼雏，我曾多次仔细观察，耐心仿效，终难得其要领，故效果远逊予喜短嘴拃灰，因难购得，全仗自家培育。两三年内，只成活三四羽。待老根来吾家，自春徂秋，六七对拃灰，窝窝传宗接代，羽数翻番，一竿挥起，已占全盘儿之半矣。

十、观　浴

　　浴鸽作为工笔花鸟题材，由来已久。五代黄筌有《玛瑙盆鹁鸽图》，《竹石金盆鹁鸽图》；黄居宝有《竹石金盆戏鸽图》；黄居寀有《湖石金盆鹁鸽图》等；仅经《宣和画谱》著录的就有八幅之多。足见浴鸽是园林庭院、竹外花前，耐人观赏的一景。

　　鸽子喜欢洗澡，只要天气晴和，虽严冬不废。倘得偷闲，抄一把小椅子，找地方一靠，静静地看鸽子的动作和表情，可以觉察到每一只的习惯和性情，有时还能领会到人禽之间的相通处。这不仅是很好的享受，也可引起我们联想和思考。

　　浴盆径二尺有余，高约一尺，用木块拼成，取其边厚，便鸽站立。外加铁箍，浸以桐油，不用时也贮水，以防渗漏。日将午，置盆院中砖面地上，倾入清水，深约半尺，打开鸽栅子，全部放出，不一会儿，鸽子便聚到盆边。

　　有两三只先跳上盆沿，似乎只想清漪照影，并无入浴之意。它先探身用嘴勾水，勾了几下才勾着，摇头又把水甩掉。这时盆边上的鸽子已多起来，有的偏往挤的地方跳，跳不上去，才换个地方，不由得感到颇像街上看热闹往圈里挤的人。

　　有一只好像很勇敢先跳下水，愣了一下，才伏身以胸触水，一触即起，几次后才伸展两翅，拍打水面。随后有两三只开始仿效。这时盆沿上因太挤而打起架来，互以喙啄。有的被挤下水，这倒好了，落得下来，不再打架，也开始洗澡。霎时间盆中已满，早下去的不顾周围索性散开尾翎，摇颈簸身，恣意扑腾起来，水花四溅，如雨跳珠，直到羽毛尽湿，沾并成缕，才跳到盆外。后下水的也都洗个痛快才舍得出盆。这时水面浮起一层白霜，盆外地面也都溅湿了。

跳出盆外的鸽子总是先抖擞几下，把羽毛上的水抖掉。好多只都跑到砖地外的土地上晒太阳。我喜爱的一只母点子，看中了花池子土埂外长着浅草的斜坡，用爪子挠了几下，侧身而卧，偎了一偎，感到已经靠稳，拉开一翅，在和煦的日光中，回头半咬半嗑地把背上的小毛蓬松开，并一根一根地梳理着翅翎和尾翎。接着又转身卧下，拉开另一翅膀，重复前面的动作。这时有一只不识相的花脖子跑来，边打咕嘟边围着她转。她不予理睬，花脖子反来劲了，鼓起颈毛，兜着尾巴往前一跃，几乎踩上了她。

鸽挎

守在一旁的大公点子，看到这不怀好意的动作，愤怒万分，急忙赶上来，连啄带鸽（qiān）把花脖子撵跑了。

每一只鸽子晾干羽毛后，都自由自在地活动起来。有的沿着墙根儿啄食剥落的石灰，它是在补钙。有的回到窝中呜呜呜叫，呼唤伴侣归巢。有的双双飞到房上，公的回旋欢叫，炫耀它雄壮轩昂的姿态，母的则频频点头，报以温柔，两吻相衔，双颈缩而又伸。交尾后，公的飞起，翅拍有声，即北京所谓的"叫膀儿"。母的随之腾空，绕屋几匝后，又落到房上。这也算是"夫唱妇随"吧。

坐在小椅子上已有一个多小时了，我的感受是"万物静观皆自得"，一切都按照其自身的规律在运行，故显得和谐、安详而自然。不仅是鸽子，不止是一竹一木、一草一花，也包括我自己。

十一、挎

北京鸽舍，内有界成方格的窝眼，外有围成小屋的栅子，用不着笼具。不过为了上市买卖、远出放飞、生鸽续盘、雌雄配对、伤病隔离等等，都必须使用笼具。

鸽笼长方形，长约三尺，宽、高各尺数寸，顶面两开门，中有高拱提梁，便于伸臂屈肘，挎之而行，故不曰"笼"，而称之曰"挎"。

北京巧匠制鸟笼已有数百年历史，与南方制品的主要区别在不尚精雕细琢，而贵朴质无华，只偶在局部略施装饰。惟竹材之选用，做工之精密，要求特别严格。常见者有水磨白茬，本色不上漆，以年久色如琥珀者为贵。合竹、笼圈及条均由两片或两根留皮去瓤之竹粘合而成。麻花圈、麻花条，圈条均由两根竹材拧成。漆者有黄、紫、黑诸色，尤以傅家紫漆笼最有名，收藏者舍不得使用，视为珍贵文物。

鸽挎与鸟笼相比，只能算是糙活儿，但受益于鸟笼的成就，也达到相当高的水平。白茬的同样能拂拭得如"一汪水儿"似的润泽。漆挎务求颜色纯正，不着纤屑尘埃。考究养家备有日用、晾庙两份鸽挎，后者白布为罩，且不止一具。黑漆者用以笼白色、紫色鸽，黄色者用以笼黑色鸽，取其不靠色（shǎi），鸽子显得格外精神、提到庙上，布罩一揭，观者不禁为之喝彩。

挎上有几处可施装饰。四角立材，下端着地成足，上端出头如柱顶，往往削成"八不正"形，或雕成仰俯莲。两扇门的别子镂成蝙蝠、蝴蝶或盘肠。提梁中部一段，密缠藤篾并编出卍字或回文。处处见匠心，不失为一件精美的民间工艺品。

我不喜养笼鸟，但藏有傅家紫漆靛颏笼。鸽挎则有一具水磨白茬老挎，光亮可爱。"文革"中被曾在街道工作的小脚老太太拿去分别养雏鸡和老母鸡了。

十二、鸽子市

庙会有鸽市，不知始于何时，据云乾嘉以来，早已如此。市在庙会附近，不与其他货摊杂处。庙会有定期，逢九、十隆福寺，市在东四西大街，今民航大楼门前槐树下。逢七、八护国寺，市在新街口南前车胡同口内外。逢三土地庙，市在宣武门外下斜街。逢四花儿市，市在花市大街东段南侧。逢五、六白塔寺，市在寺后门元宝胡同。其中以隆福、护国两市为盛，人称"东西庙"。北城无

庙会，故北新桥曾设市，日期逢六，旋因鸽少人稀而废。60年代以后，各庙或改建商场，或定为保护单位，鸽市无可依附，移往龙潭湖、水碓子、祁家豁子等处，无往日之盛矣。

当年鸽市人物众多，形形色色，指不胜数。先言鸽贩。

鸽贩有大有小，被称为"大挎"、"小挎"。盖因北京鸽笼，通称曰"挎"。大贩用两大挎及数小挎笼鸽，可容百数十头，多雇人肩挑或车推上市，故曰"大挎"。小贩只提一小挎，可容十来头，故曰"小挎"。惟挎之大小并不反映鸽贩之资本多少。大挎有只卖一般品种，无力雇人而须自己挑挎者。小挎亦有以经营佳鸽为主，资本雄于一般大挎者。三四十年代，瑞四、对儿宝列诸大挎之首。出入大户人家，鼓舌如簧，精通夸诩本领，同时亦极阿谀奉承之能事。对一般养家则常露轻蔑之色，直到冷嘲热讽。对同业多行不义，欺凌剥削，刻薄刁钻，实一市之霸。老袁乃大挎而匮于资者。小白为小挎常携佳鸽待价而沽，亦不惜高值收购者。当年大小鸽贩能呼其名者不下数十人，今已随岁月流逝而遗忘殆尽矣。

再言养家。市上所见，中产小康之家及清贫无恒产，借苦役给朝夕者，实百倍千倍于富商豪绅。其中更有以叫卖谋生，赖拉车糊口，自身难保温饱，而为鸽买粱豆，先于为家市米薪者。彼等常言："我从牙上刮下点吃的喂鸽子。"可见此癖中人之深。盖养鸽实为北京民间习俗，大众爱好，故名贵品种得长期萃集于北京，且不时培育出新奇花色，正因其有广大深厚之群众基础。

鸽市所见又一特点为顽童稚子，直

到老叟衰翁，不同年龄，庙庙可见，故知癖之终身者，大有人在。予年十二三即去鸽市，历少壮而届中岁。"三反"中，蒙冤厄，身系囹圄十阅月，自此罹肺疾。随后政治运动频繁，不再养鸽。惟得暇仍游鸽市，积习难除也。见幼童指鸽问值，转身数囊中钱，不敷而有苦色。自思当年我曾如是。见中学生与对儿宝议价，该贩斜睨曰："买不起你别买！"自思当年亦曾受奚落。见中年人买瑞四鸽，已成交，瑞四喜而连声奉承："您真有眼力！"自思当年渠对我亦曾先倨而后恭。见曳杖叟，以巾裹两鸽，手提而行。自思我届叟年，不知有幸与鸽为侣否？今老矣，目眊足跛，早绝畜鸽之想，但不能忘情。"蹁跹时匝芳树，窈窕忽上回栏"，每现梦中。不获已，鸽市仍为常游之地，惟当年名贵花色，已难得一见。愈感宣扬我国悠久灿烂鸽文化，尽力访求、保护传统佳种，实为当务之急。《鸽经》《鸽谱》之印行，或能收效于万一，吾不可得而知矣！

十三、憋鸽子

市上买卖鸽子既有鸽贩，也有养家。买者大都愿买养家的，不愿买贩子的。贩子卖的价钱贵，而且往往做了手脚，如剪掉杂毛，抆换夹条等。

从养家手中买鸽子，最好不在市上，而在赴市途中。因卖者到市才露面，人们便一拥而上，争相探挎取鸽，问公母，讲价钱，忙忙乱乱，无法看清好坏。倘有人存心哄抬，更闹得难以成交。

当然，买者想要在赴市途中买到称心如意的鸽子，实非易事。要不惜费时费力，耐心等候。坚持守株待兔精神，始能有所收获。因而这一行动有了专门名词，曰"憋鸽子"。

贩子憋鸽子更多于养家。他们不论花色品种，只要有利可图就买，故比养家容易开张。逢庙之日，养家、贩子都在途中"憋"。为了避免"狭路相逢"，诸多不便，养家总是走得比贩子远一些，以期占"先得月"之利。30年代，有一位鸽友，逢九或十，再碰上是星期日，总是坐在朝阳门内的茶摊儿上，憋从通州、东坝等地来鸽。东郊有不少家都畜佳种，当时城墙未拆，故朝阳门是他们去隆福寺必经之路。一般养家憋鸽子多半在东四牌楼、大佛寺附近选点等候。点如何选，大有学问。首先必须是上市常经之路，其次要求视野开阔，行人动态，历历可见。此外，还要为憋者自己找一个可容身休息之处才好。

我的选点在大沟巷把口的汪元昌茶叶店和稍稍迤东的万聚兴古玩店。两家都有玻璃门窗，面临大街，且窗内有板凳可坐。断断续续，憋了四五年，成绩并不佳，只憋到成对的铁翅乌，和最喜爱的粗嘴葡萄眼素闪黑玉翅，还有短嘴素灰及斑点灰等。最得意的是为鸽友憋到一对当时十分罕见的双五根、五六根铁膀点子，刀斩斧齐，通身和素点子一样。买到后，故意提到市上走一遭。有人问，大声回答："我刚憋的"，使瑞四、对儿宝等为之侧目。

十年浩劫后期，从干校回到北京，直到十一届三中全会的召开，其间有一段无所事事的时期，我常去看足球比赛，不料却成了买退票能手。不仅场场不空，而且总有三五位相识或不相识的球迷跟随身后，等候我为他们买退票。我也总能让他们高高兴兴地进场。买退票的秘诀是要根据得票可遇率来选点；要频频吆喝，遇人便问；遇有退票者，要行动果断，票款在握，立即钱、票两交。买退票当然不同于买鸽子，但不少经验却是从憋鸽子得来的。

十四、拃灰

我喜欢灰色的观赏鸽。它不同于灰色的野鸽（北京通称"楼鸽"）和外来的信鸽。喜欢的原因是虽名曰"灰"，却有多种花色。首先色有深浅之别，粗粗区分，也有"深灰"（或曰"瓦灰"）、"灰"和"浅灰"（或曰"亮灰"）三等。其次，除翅端两道深色楞外，有的浑然一色，曰"素灰"；有的有深色斑点，曰"斑点灰"。复次，有的翅有白翎，曰"灰玉翅"，并视其有无斑纹曰"斑点灰玉翅"或"素灰玉翅"。还有头项部位生白毛，曰"灰花"。再加上有的为白眼皮金眼，有的宽红眼皮睛如朱砂曰"勾眼灰"（《鸽经》曰"狗眼"）。品种实多于他色观赏鸽。

"灰"中我最喜欢的是短嘴、算盘子头、大不盈握的北京所谓"拃灰"。它不仅各种花色俱备，而且娇小玲珑，矫健善飞，堪称"天生尤物"。别看它体型小，却胜任背大哨。我的一只斑点亮灰，系"鸣"字大葫芦，随盘儿从不落后。是因为一只大公点子承受不了才让它佩戴的。

我幼年养鸽，不拘花色，喜欢就买，品种较杂。1945 年回京后，只养点子、玉翅、灰三种。当时城内拃灰，首推东四牌楼东南隅灰铺所畜，其次即数舍下。1953 年蒙不白之冤，身陷囹圄，此后不复养鸽，但始终未能忘情，尤其是拃灰。偶经鸽市，必几番巡视，以期一见。至60 年代初，已感到有绝迹之虞。

生禽难见，求之于图绘。梅畹华先生护国寺故居，正房西间隔扇上，就挂有一幅朱砂眼浅色拃灰玻璃油画，画得美妙绝伦。畹华先生的《舞台生活四十年》中有一段讲到此图：

有一天一位最关切我的老朋友冯幼伟先生很高兴地对我说："畹华，我在无意中买到一件古董，对于你很有关系，送给你做纪念品是再合适没有的了。"说着拿出来看，是一个方形的镜框子，里面画着一对鸽子。画地是黑色，鸽是白色，鸽子的眼睛和脚都是红色，并排着站在一块淡青色的云石上面，是一种西洋画的路子，生动得好像要活似的。我先当它是画在纸上面，跟普通那样配上一个镜框的。经他解释了，才知道实在就是画在内层的玻璃上面，仿佛跟鼻烟壶里的画性质相同。按着画意和装潢来估计，总该是在一百多年前的旧物。据说还是乾隆时代一位西洋名画家郎世宁的手笔，因为上面没有款字，我们也无法来鉴定它的真假。但是这种古色古香的样子，看了着实可爱。我谢了他的美意，带回家去，挂在墙上，常对着它看。这件纪念品，跟随我由北而南二十几年，没有离开过，现在还挂在我家的墙上。

那幅油画实在动人，画里真真，呼之欲出，故每次往观，必凝视久之而后去。使我十分遗憾的是拨乱反正后，畹华先生故居恢复开放。我再次往观，隔扇犹存，鸽画已杳。经询问，始知早已毁于"打砸抢"。惜哉！今可见者，只有印在《舞台生活四十年》1957 年版第一集中的一幅模模糊糊的黑白图了（见下图）。

1963 年，我在文物博物馆研究所任职时，参加考察龙门石窟工作队。假日去洛阳关林，在集上巧遇有人拿着一对

玻璃油画拃灰

拃灰，使我惊喜。当时存有戒心，不敢轻举妄动，但还是忍不住多看了两眼，问了问价钱。果然当晚生活会上过不了关，被"左"得可爱可敬的英雄们狠批了一顿，上纲到"违法乱纪"。我却暗自欢喜，喜的是北京虽已绝迹，外地还有，真是天佑瑞禽呀！将来如有一天容许人活得自由一点的话，我一定专程到洛阳来访求它。

拃灰！拃灰！我实在未能忘情！

十五、鸦虎子

鸽鹰，不知为什么叫"鸦虎子"，难道它也抓乌鸦？

听老友常荣启说，下网打大鹰，用鸽子作油子（诱饵），也打到过鸦虎子。比鹞子大些，深色眼珠，和金黄色眼珠的大鹰、鹞子不同，而和兔虎（鹘）相似，因而应属隼类云云。兔虎即每年秋季国外派遣不法之徒到宁夏一带偷购、盗运出口的猎隼。我所知仅此，正确的分类要请教鸟类学专家了。

鸦虎子和大鹰一样，八九月间从塞外飞来。经过华北平原而南去。除在途中攫食鸽子外，有的留下来（曰"存林儿"）专吃北京的鸽子，故为害甚虐。当年有人在天坛柏树下发现鸽子毛、鸦虎子"条"（鹰隼粪便皆作条形，故曰"条"），吐出的"毛壳儿"（鹰、隼每日凌晨都将不能消化的鸟兽毛羽团紧成球吐出，古人名之曰"魃"，见《说文解字》），还捡到过鸽哨。燕京大学水塔顶层檐下也住过鸦虎子，我心爱的一只墨环便死在它的爪下。

鸦虎子袭击鸽盘儿的伎俩不外乎"托"和"冲"。托是在鸽下回旋，迫使盘儿升向高空，然后突然出击。冲是在盘儿上滑行，或速鼓两翅，停在高空，养家称之曰"定油儿"，随即倏忽冲向鸽盘儿。托与冲目的均在打散鸽群，使各自逃命，打着"鬼翅子"，作不规则的飞行，迅速冲向地面。鸦虎子正好借此选择目标，攫捉最容易捉到的鸽子。带哨之鸽往往因身有负荷而遭惨厄。故真正爱鸽者，往往有哨而不悬。

每次飞盘儿前，鸽群集房上，当先观察其神态。倘有多只紧毛兀立，引颈注视某方，就是天空有警之象，当即停止飞放。飞盘儿时如发现回旋失常，翅频紧急，也说明有鸦虎子，应立即打开栅门，迅速"垫"（驱栅中之鸽上房，使飞盘儿之鸽速下，术语曰"垫"）下鸽群，俾得安全降落。

十六、买高粱还是买奶粉？

1947年我从日本押运被劫夺的善本书107箱归国，去南京与清理战时文物损失委员会交待清楚后回到北京，开始在故宫博物院任古物馆科长。

说起来惭愧，此时我和荃猷及一岁的儿子住在芳嘉园家中。父亲告诫我："念你刚出来工作，我管你们吃、管你们住。至于你的额外开支，我管不了，必须自理。"实际上父亲已经管了我们生活上的一切，所谓额外开支，是指我买文物标本、古老家具和鸽子食粮的费用。当时零星文物很便宜，古老家具没人要，更不值钱，我买的又大都是残缺不全的，但架不住贪得无厌。数十只鸽子，每天也要吃几斤高粱，还须多少搭上点小米、黑豆，因此我手头总是很拮据。父亲既然有话，有些并非纯属额外开支，也不便启齿了。

有一个月月底，赶上儿子的奶粉吃完了，鸽子的高粱也吃完了。荃猷有病缺奶，奶粉对儿子极端重要，鸽子几十张嘴，也不能饿着；但手中的钱买了奶粉买不了高粱，买了高粱买不了奶粉。我是买奶粉呢，还是买高粱呢？

和荃猷商量后，我们取得一致的意见：花钱给孙子买奶粉，爷爷肯定乐意掏，但不能提。不要说被父亲质问一句，就是稍稍表示不解："为什么不用买家具和高粱的钱买奶粉？"我便无地自容。荃猷有个妹妹，住得不远，借钱救急买奶粉，还借得出来，但如开口借钱买高粱喂鸽子，就太不像话了。

最后决定，把仅有的钱买高粱，借钱买奶粉。

十七、养鸽条件

按照北京的老谱儿，养鸽子要具备一定的条件。就是：平房三间，独门独院，院子较宽敞，有一部分地面是土地，四周无高楼大树，栅子上有遮阴的小树或豆架瓜棚。

平房并不要求高大，瓦房或棋盘心均可。后者养踩云盘鸽子更相宜，不会戳断毛脚上的羽毛。独家一户，不受干扰，免起纠纷。院子较大，有利鸽子活动和主人观赏。有土地鸽子才能啄食土壤、挠土扒坑、洗旱澡、晒太阳。无此便难遂鸽子的天性，剥夺了鸽子的本能，故十分重要。无高楼免得鸽子不听指挥，飞上去下不来。无大树免得起飞落下时成了障碍。栅子有遮阴，夏日暴晒可以无虞。

上述条件，本世纪初不少养家都大体具备。时至今日则太难太难，简直是不可能了。今日的养家，十之七八在楼房阳台上筑鸽舍。人禽共处，有碍卫生，不得飞，不得看，一切乐趣，荡然无存，故不如不养。要圆旧日之梦，恐怕只有搬到农村去住了。

50年代初，我遣散鸽群，倒不是由于住房有了变化，而是遭到冤狱。只因在日本投降后，我为国家追回的国宝太多了，"三反"中怀疑我有严重问题，手铐脚镣关入公安局看守所审查十个月之多。查明没有问题后释放，明明是有功无罪，却被文物局、故宫博物院开除，通知我自谋出路。天下宁有此理！不平则鸣，1957年我注定会戴上右派帽子。60年代初我故态复萌，又犯了养鸽瘾，未能如愿，则是由于住房有了变化。房管局、居委会知道我家院中有几间厢房无人住，天天动员我拿出房来"抗旱"，也就是出租。如不同意，就要在我家办街道食堂或托儿所。身为一个摘帽右派如何能扛得住。权衡后果，只好同意出租，于是我家就成了大杂院。后来我才明白，动员我出租，是为了加上我父亲在世时已租出的一所房达到十五间之

芳嘉园院内鸽群（1947年袁荃猷速写）

数，这样就够上私房改造的法定标准。一箭双雕，两处私房都成了公房。从此我不再具备养鸽子的条件。真应当感谢对我的改造，一下子把我癖爱鸽子的痼疾给根除了。

十八、王熙咸

王熙文，住宣外铁门米市胡同，喜溜獾狗，架大鹰，举"胡不拉"（即伯劳），仪表轩昂，谈笑爽朗，有侠者风。弟熙咸，终身不娶，孑然蛰居和平门内南所，瘦小而讷于言，与熙文同行，孰信其为弟兄。殊不知熙咸乃通臂拳宗师张策关门弟子，后又潜心太极，终成武林高手，能掷猛夫于十步之外，所谓真人不露相者也。

熙咸年十五，始养鸽，由鸽及哨，爱之入骨髓，搜集收藏成为平生惟一爱好，竟以"哨痴"自号。惟身为小学教员，中年即退休。性迂直，不善治生产，

故家境清贫，俭约殊甚。独于鸽哨，不惜倾囊相易，乃至典衣质物无吝色，非得之不能成寐。如是数十年，所藏乃富，所知乃丰，更得与制哨高手陶翁佐文相切磋，故能穷其奥奥，对惠、永、鸣、兴各家之造型风貌，刀法异同，音响高低，真伪鉴别，皆能言之凿凿，了如指掌，真知灼见，无人能出其右。

熙咸撰有《鸽哨话旧》一稿，七千余言，信是记录研究鸽哨之最重要文献，已收入拙作《北京鸽哨》。其中有绝妙之文，可供欣赏：

二宝、小六合买绍英家淡黄漆全竹小型鸣字十一眼一对。斯哨有四绝：一曰鸣字，二曰全竹，三曰型小，四曰无疵，即咏西家亦无此尤物。售者居奇，买者恐后。尔时余于旧哨，尚无真知灼见，故质诸佐文。佐文曰："如哨果佳，则君不妨说'尚可留用'，以免彼居奇。如为赝鼎，则君不妨说'此哨绝佳，慎

莫轻易出手！'如此虽交易不成，彼无怨尤。"予往视，哨固真而且精，屡经磋商均不谐。最后许以十五对小永哨易此一对，二贩沉思移时，始允交易。狂喜之下，徒步归家，恐踬而伤哨，一步落实，方迈下步，返寓入室，心始释然。此后蓄哨名家，接踵而来，每求割爱，余爱之切而未能许也。倘有识者祈一观，则共欣赏而不吝焉。两哨伴我二十余年，竟为小奸赚去，每一念及，五内如焚。

凡有玩物之癖者，皆知议价还值，须施心计，擅辞令，方能成交。故往往佯进实退，欲擒故纵，有褒有贬，时实时虚，盖非此不足以应贾贩之狡黠。不意佐文寥寥数语，已尽其旨。获宝之后，欢喜无状，捧之怀之，维恭维谨，竟至行动失常，不知所措。凡有此经历者，读之当有所会心而不禁暗自窃笑也。

余曾多次造访熙咸，室晦而隘，罩内窗前，案头桌面，架上柜中，枕边床底，箱箱匣匣，篓篓篮篮，尽是鸽哨，此外别无长物。计成双者不下三百对，无偶者数亦如之，真可谓洋洋大观。余请求拍照，本拟携摄影师同往，而熙咸曰："我能知人，带走何妨"，且毫不迟疑，择至精者相借，其待人真诚又如是。余深幸留此形象记录，1989年《北京鸽哨》出版，得用作图版。否则仅附拙藏，名家之制，所缺太多，无足观矣。

熙咸常年茹素，鸡蛋亦在禁食之例。八旬以后，体衰多病。1986年逝世，享年八十有七。据同院邻人言，全部藏哨，被其甥女席卷而去，此后不知流落何处。自有鸽哨以来，两次最重要荟集为乐咏西、王熙咸之收藏，不幸散若云烟，命运竟相若也。

王熙咸小影

十九、标点鸽名

标点古籍，多由谙悉文言文者任之，虽饱学之士，亦不免有误，可见其难。遇有事物名称，专门术语，则更难落笔，往往反复思考，逗点几番移上移下，仍未点到是处。读者固不能要求标点者事事精通，而标点者也只有不惮辛劳，查阅有关图籍并向熟悉此道者请教，始能不错或少错。误点古籍中鸽名，试举两例。

蒲松龄《聊斋志异》（青柯亭刊本）《鸽异》篇有如下字句：

"又有靴头点子大白黑石夫妇雀花狗眼之类名不可屈以指。"

1977年人民文学出版社《聊斋志异选》，由北京大学中文系张友鹤选注，标点上文如下：

"又有靴头、点子、大白、黑石、夫妇雀、花狗眼之类，名不可屈以指。"

按《鸽异》所列鸽名，均见张万钟《鸽经》。鸽名为：靴头、点子、大白、皂子、石夫石妇、鹊花、狗眼。故只需查阅该书，便可标点如下：

"又有靴头、点子、大白、黑、石夫妇、雀花、狗眼之类，名不可屈以指。"

富察敦崇《燕京岁时记》（光绪三十二年刊本）《花儿市》条有如下字句：

"其寻常者有点子玉翅凤头白两头乌小灰皂儿紫酱雪花银尾子四块玉喜鹊花跟头花脖子道士帽倒插儿等名色其珍贵者有短嘴白鹭鸶白乌牛铁牛青毛鹤秀蟾眼灰七星凫背铜背麻背银楞麒麟斑踊云盘蓝盘鹦嘴白鹦嘴点子紫乌紫点子紫玉翅乌头铁翅玉环等名色。"

1961年北京古籍出版社排印本《燕京岁时记》标点上文如下：

"其寻常者有点子、玉翅、凤头白、两头乌、小灰、皂儿、紫酱、雪花、银尾子、四块玉、喜鹊花、跟头花、脖子、道士帽、倒插儿等名色。其珍贵者有短嘴、白鹭鸶、白乌牛、铁牛、青毛、鹤秀、蟾眼灰、七星、凫背、铜背、麻背、银楞、麒麟、斑踊、云盘、蓝盘、鹦嘴、白鹦嘴点子、紫乌、紫点子、紫玉翅、乌头、铁翅、玉环等名色。"

其中跟头、花脖子、短嘴白、鹭鸶白、乌牛、七星凫背、麒麟斑、踊（踩）云盘、鹦嘴白、鹦嘴点子等均被误点。

《燕京岁时记》成书去今不远，故鸽名与本世纪养家、鸽贩所用者基本相同。如赴鸽市访问即可得到正确答案。1938年美国人胡斯（Harned Pettus Hoose）编写英文小册，名曰《北京鸽与鸽哨》（Peking Pigeons and Pigon Whistles）亦曾引用《燕京岁时记》鸽名，"花脖子"、"麒麟斑"等标点竟不误。胡斯阅读古籍能力不可能比排印本的标点者高明，只不过他和鸽贩有交往，可随时问问而已。

二十、《鸽种全书》

美国勒维（Wendell M. Levi）编著鸽谱，名曰 Encyclopedia of Pigeon Breeds（1965，T. F. H. Publications, Inc. Jersey City, N. J.），似可译名为《鸽种全书》。蒙香港友人惠借数周，得浏览一过。喜其详备，曾驰书海外求物色一册，因绝版而未果。全书彩图807幅，每幅一鸽，可谓洋洋大观。

《鸽种全书》引起我注意之事有四。

（一）自愧孤陋寡闻，所见不广。某些海外品种，从未见过。如能将嗉囊吹涨如球之Pouter，全身羽毛卷曲如落汤鸡之Silky Sedosa。凤头如满月之Jacobin，颇疑此即《鸽经》所谓"凤卷如轮"之"凤尾齐"。

（二）《鸽种全书》中不少花色为北京常见品种。惟以北京养家标准衡之多不及格。如点子，西方名之曰Helmet（头盔），因头上黑羽覆盖头顶如盔而得名，见图130—136。从审美角度看，远不如中国点子：平头贵"瓜子点"，两侧露白眉子；凤头贵黑凤或黑凤白凤心。它们额头只一点或一簇，俊俏生姿。玉翅，西方称黑者曰black white – flighted（图568）。紫者曰yellow white – flighted（图115）。其头、嘴、眼皮无一佳者，对两翅白翎不宜过多或过少，或一多一少，亦不讲求。各图所见与北京之素闪、粗嘴、葡萄眼黑玉翅之美实无法比拟。又如紫乌头（图227）嘴细而尖，竟如野鸽。麸背，西方称Blue Argent Modena（图252），头嘴欠佳，体型臃肿。使人感到西方养家似未能如我国爱鸽者之穷年累月，代复一代，将观赏鸽培育到至美极妍。

（三）西方鸽种中也有头圆如算盘子，嘴短如谷粒者。大抵属于 Satinette（图 300—303，中文译名沙田尼）、Blondinette（图 307—312，中文译名白朗黛），Owl（图 314—316，中文译名枭鸽）三种。花色有的近似鹤秀，即《鸽经》之腋蝶或麒麟斑，清宫鸽谱之蛱蝶。当年倘在北京市上出现，定被视为无上佳品。

（四）《鸽种全书》后附文献目录，收有明张万钟《鸽经》，但著者并未见到原书。中国观赏鸽仅收墨环、乌头、黑乌、亮灰等数种（图 557—564），由香港何先生（Ho Yan Ning）提供。足见我国鸽文化虽悠久灿烂，但对外宣传十分欠缺，故不为世界所知，使人深感遗憾。

致各省市园林局广场鸽
管理处的公开信

广场鸽是我国改革开放后的新兴事物，可以使我们接近自然，爱护自然，尤为少年儿童所喜爱，成为他们的乐园。据悉你局已成立专门机构，管理广场鸽，谨向你们致贺，并预祝你们取得更大的成就。

我是一个鸽子爱好者，今年已八十五岁。虽自中年以后不再养鸽，但对保护观赏鸽勿使消失绝种，和延续有悠久历史的我国鸽文化不致中断，始终十分关注。

养信鸽，从人数来计算，中国已成为世界第一大国，今后会有更大的发展。2000年世界信鸽大赛将在北京举行就足以说明这一点。但数百年来经多少代人精心培育出来的貌美色妍的观赏鸽，有的品种已绝迹，有的正在消失；如不努力抢救，将会永远灭亡，实在使人深感忧虑。

观赏鸽的消失受社会变革的影响，而和当前居民的住房改造更有直接的关系。养观赏鸽需要有观赏的环境，一旦环境变了，观赏价值和意义也就不复存在。过去养家都有或大或小的院子，或高或矮的平房。在院中看鸽群在顶空飞翔，如彩云盘旋，翩翩栩栩，悦目赏心。或看它飞上飞下，走去走来，鲜明的羽色，妩媚的姿容，更于人美的享受。但现在城市居民，迁住楼房的日多，从此失去养观赏鸽的环境。至于养信鸽，养者最主要的追求是远翔夺魁，此外均属次要，故住楼房影响不大。因此近年养信鸽的大量增加，养观赏鸽的显著减少。

观赏鸽的减少致使知道它、识认它、欣赏它的人也越来越少，自然更谈不上重视、珍惜有悠久历史的我国鸽文化了。

试举两例：1999年之前的中央电视台第一套节目晨曲，先播出升国旗的庄严仪式，接着一只白鸽飞来。仔细一看，这只白鸽原来是从外国引进的食用鸽"落地王"，鸡头长嘴，长相丑陋。又电视时常播出妙龄女郎，手握白鸽，曼声长歌。一曲将终，纵鸽飞去。这白鸽还是"落地王"。我曾想，凡是对鸽子有些识认的电视观众，就会发现登上荧屏的不是我国自有的名贵秀美的观赏鸽，而是外国的食用鸽，他也会和我一样，感到遗憾和羞愧，甚至有损自尊心。我相信电视工作者有决心把节目制作得尽美尽善，但可惜他对鸽子缺少认识。或许他认识鸽子，也知道电视节目中用外国食用鸽不如用中国观赏鸽，但不知何处去找，谁能提供。在不得已的情况下，只好求助于可大量供应的食用鸽场了。

不少年来我一直在想如何能让更多的人了解中国的观赏鸽，但深以想不出有效办法为憾。自从知道某些大城市养广场鸽，得到了一些启发。参观了几处后，更感到兴奋、喜悦，似乎看到了希望。我认为只需在各地广场鸽现有设施上加一些投入，就能大大增加游人的乐趣和知识，同时还能为保护名贵观赏鸽种作出重大贡献。下面试分析其可行性并提出具体方法和措施，供各地园林局、广场鸽管理处的同志们研究、参考。倘蒙惠予指正，将更感到欣幸。

一、广场鸽场地一般比较宽敞，有的还有园林之胜。这样就有可能为养观赏鸽提供观赏环境。佳禽美景，相得益彰。

二、目前广场鸽鸽群多由食用鸽、信鸽及各种杂交鸽组成，其体格、习性与观赏鸽大异。故养观赏鸽必须别筑巢舍，自辟场地，而不可和广场鸽混养。否则观赏鸽的美好形象便遭破坏，失去观赏价值。更不用说观赏鸽嘴小颈短，如混养必争食难饱，体弱受欺，且难保证鸽种纯正。上面讲到的在设施上加一些投入，即指增加巢舍和场地。

三、可以肯定待增加的投入并不大，因为养观赏鸽的规模要比广场鸽小得多。在试养阶段有一间可容约五十羽的鸽舍，一块百十平方米的场地已够使用。如在三五年内能收集到十几个较好品种，已经是大有成绩了。

四、管理观赏鸽最多只需两人。有经验者，一人即可胜任。我确知北京就有爱观赏鸽如性命者，因迁居或其他原因失去了养鸽条件，倘能请来管理，必欣然应聘。其难能可贵之处在对选养、培育、训练等方面都十分在行，定能把观赏鸽养好。这样的专门人才北京有，各省市也有，只需查访，就能找到。

五、选购观赏鸽可先在当地进行，特殊品种，则求之于不同产地。有了内行管理人员，又有广场鸽为名贵观赏鸽孵卵哺雏，长成后可供交换或出售。如对我国观赏鸽进行宣传，还可争取到外销市场。

六、观赏鸽应由管理人员对游人观众进行讲解，介绍花色品种可贵之处，并表演飞盘儿或系哨放飞，增加兴趣。故观赏鸽与广场鸽并不重复而各具特色，游人可获得不同的乐趣。

七、我感到作为一个中国人，凡是你认为中国的美好东西，就有责任去宣传它、介绍它，使它在写作家、美术家、工艺家、影视、戏曲等工作者的作品中出头露面。即使是微小的事物，也是中国的骄傲。各省市园林局在有广场鸽为广大游人博得欢乐的同时，还能为不同行业的工作者提供美好的、足以代表中国文化的观赏鸽形象，再由他们传播给广大人民。我想也是一项十分有意义的工作。

插图目录

王世襄编著书目

家具

《明式家具珍赏》（王世襄编著）中文繁体字版，三联书店（香港）有限公司 / 文物出版社（北京）联合出版，1985 年 9 月香港第一版。艺术图书公司（台湾），1987 年出版。中文简体字版，文物出版社（北京），2003 年 9 月第二版。

Classic Chinese Furniture（《明式家具珍赏》英文版） 三联书店（香港）有限公司，1986 年 9 月出版。寒山堂（伦敦），1986 年出版。China Books and Periodicals（旧金山），1986 年出版。White Lotus Co.（曼谷），1986 年出版。Art Media Resources（芝加哥），1991 年出版。

Mobilier Chinois（《明式家具珍赏》法文版） Editions du Regard（巴黎），1986 年出版。

Klassiche Chinesische Möbel（《明式家具珍赏》德文版） Deutsche Verlags Anstalt（斯图加特），1989 年出版。

《明式家具研究》（王世襄著，袁荃猷制图） 三联书店（香港）有限公司，1989 年 7 月第一版（全二卷）。南天书局（台湾），1989 年 7 月出版。生活·读书·新知三联书店（北京），2007 年 1 月第二版（全一卷）。

Connoisseurship of Chinese Furniture（《明式家具研究》英文版） 三联书店（香港）有限公司，1990 年出版。Art Media Resources（芝加哥），1990 年出版。

Masterpieces from The Museum of Classical Chinese Furniture（美国加州中国古典家具博物馆选集，与柯惕思 [Curtis Evarts] 合编） Chinese Art Foundation（芝加哥和旧金山），1995 年出版。

《明式家具萃珍》（王世襄编著，袁荃猷绘图） 中文繁体字版、中华艺文基金会（芝加哥和旧金山），1997 年 1 月出版。中文简体字版，上海人民出版社，2005 年 11 月出版。

工艺

《髹饰录解说》 1958 年自刻油印初稿本。文物出版社,1983 年 3 月增订本,1998 年 11 月修订再版。

《髹饰录》(〔明〕黄成著,〔明〕杨明注,王世襄编) 中国人民大学出版社,2004 年 1 月出版。

《故宫博物院藏雕漆》(选编并撰写元明各件说明) 文物出版社,1983 年 10 月出版。

《中国古代漆器》 文物出版社,1987 年 12 月出版。

Ancient Chinese Lacquerware(《中国古代漆器》英文版) 外文出版社,1987 年 12 月出版。

《中国美术全集·工艺美术编·竹木牙角器卷》 文物出版社,1988 年 12 月出版。

《中国美术全集·工艺美术编·漆器卷》 文物出版社,1989 年 2 月出版。

《清代匠作则例汇编》(漆作、油作) 1962 年油印本,尚未正式出版。

《清代匠作则例汇编》(佛作、门神作) 1963 年 6 月自刻油印本。北京古籍出版社,2002 年 2 月出版。

《刻竹小言》(影印本,金西厓著,王世襄整理) 中国人民大学出版社,2003 年 11 月出版。

《竹刻艺术》(书首为金西厓先生《刻竹小言》) 人民美术出版社,1980 年 4 月出版。

《竹刻》 人民美术出版社,1992 年 6 月出版。

Bamboo Carvings of China（中国竹刻展览英文图录,与翁万戈先生合编）华美协进社（纽约）,1983 年出版。

《竹刻鉴赏》 先智出版事业股份有限公司（台湾）,1997 年 9 月出版。

《清代匠作则例》(王世襄主编,全八卷,已出一、二卷) 大象出版社,2000 年 4 月出版。

《中国鼻烟壶珍赏》 三联书店（香港）有限公司,1992 年 8 月出版。

绘画

《中国画论研究》(影印本,全六册) 1939–1943 年写成。广西师范大学出版社,2002 年 7 月出版。

《画学汇编》(王世襄校辑) 1959 年 5 月自刻油印本。

《金章》(王世襄编次先慈画集并手录遗著《濠梁知乐集》) 翰墨轩（香港）,1999 年 11 月出版,收入《中国近代名家书画全集》，为第 31 集。

《高松竹谱》、《遁山竹谱》（手摹明刊本。同书异名，高松号遁山） 人民美术出版社，1958 年 5 月出版。香港大业公司，1988 年 5 月精印足本。

音乐

《中国古代音乐史参考图片》人民音乐出版社，1954–1957 年出版 1–5 辑。

《中国古代音乐书目》 人民音乐出版社，1961 年 7 月出版。

《广陵散》（书首说明部分） 音乐出版社，1958 年 6 月出版。

游艺

《明代鸽经　清宫鸽谱》（赵传集注释并今译《鸽经》） 河北教育出版社，2000 年 6 月出版。

《北京鸽哨》 生活·读书·新知三联书店，1989 年 9 月出版。辽宁教育出版社，2000 年 4 月中英双语版。

《说葫芦》 壹出版有限公司（香港），1993 年 8 月中英双语版。

《中国葫芦》 上海文化出版社，1998 年 11 月增订版。

《蟋蟀谱集成》（王世襄纂辑） 上海文化出版社，1993 年 8 月出版。

综合

《锦灰堆：王世襄自选集》（全三卷） 生活·读书·新知三联书店，1999 年 8 月出版。

《锦灰堆：王世襄自选集》（繁体字版，全六卷） 未来书城股份有限公司（台湾），2003 年 8 月出版。

《锦灰二堆：王世襄自选集》（全二卷） 生活·读书·新知三联书店，2003 年 8 月出版。

《锦灰三堆：王世襄自选集》 生活·读书·新知三联书店，2005 年 6 月出版。

《锦灰不成堆：王世襄自选集》 生活·读书·新知三联书店，2007 年 7 月出版。

《自珍集：俪松居长物志》 生活·读书·新知三联书店，2003 年 1 月出版，2007 年 3 月袖珍版。

图书在版编目（CIP）数据

　　明代鸽经　清宫鸽谱 / 王世襄 , 赵传集编著 . -- 北京：
生活·读书·新知三联书店，2013.7
（王世襄集）
　　　ISBN 978-7-108-04422-8

　　　Ⅰ . ①明… Ⅱ . ①王…②赵… Ⅲ . ①鸽—研究
Ⅳ . ① S836

　　中国版本图书馆 CIP 数据核字 (2013) 第 027288 号

责任编辑　张　荷　王　竞
装帧设计　蔡立国　薛　宇
责任印制　卢　岳
出版发行　生活·讀書·新知 三联书店
　　　　　北京市东城区美术馆东街 22 号　100010
网　　址　www.sdxjpc.com
经　　销　新华书店
印　　刷　北京雅昌彩色印刷有限公司
版　　次　2013 年 7 月北京第 1 版
　　　　　2013 年 7 月北京第 1 次印刷
开　　本　720 毫米 ×1020 毫米　1/16　印张 19.75
定　　价　95.00 元
　　　　　（印装查询：01064002715；邮购查询：01084010542）